一图一例 BIM 钢筋算量

周 信 王东贺 编

机械工业出版社
China Machine Press

本书共五章，第一章从 BIM 基础知识讲起，逐渐拓展到 BIM 在建筑行业领域的应用，使读者对 BIM 技术有个整体了解；第二章主要介绍 BIM 领域的几款软件，初步了解当前 BIM 软件及其特点；第三章主要介绍钢筋工程基础知识；第四章开始介绍 BIM 钢筋算量软件操作，中间穿插一些工程基础知识，对软件中的专业名词充分解释，以利于读者在使用软件时深入了解；第五章以工程实例的形式介绍 BIM 钢筋算量的具体应用，使读者所学知识系统化、体系化，并能够应用于具体工作中。

图书在版编目（CIP）数据

一图一例 BIM 钢筋算量/周信，王东贺编 . —北京：
机械工业出版社，2018.10
ISBN 978-7-111-61114-1

Ⅰ.①一… Ⅱ.①周… ②王… Ⅲ.①钢筋混凝土结构－结构计算－应用软件 Ⅳ.①TU375-39

中国版本图书馆 CIP 数据核字（2018）第 232722 号

机械工业出版社（北京市百万庄大街 22 号　邮政编码 100037）
策划编辑：张　晶　责任编辑：张　晶
封面设计：张　静　责任印制：常天培
责任校对：刘时光
涿州市京南印刷厂印刷
2019 年 1 月第 1 版第 1 次印刷
184mm×260mm · 10 印张 · 6 插页 · 253 千字
标准书号：ISBN 978-7-111-61114-1
定价：49.00 元

凡购本书，如有缺页、倒页、脱页，由本社发行部调换

电话服务　　　　　　　　　　　网络服务
服务咨询热线：010-88361066　　机 工 官 网：www.cmpbook.com
读者购书热线：010-68326294　　机 工 官 博：weibo.com/cmp1952
　　　　　　　010-88379203　　金 书 网：www.golden-book.com
封面无防伪标均为盗版　　　　教育服务网：www.cmpedu.com

前　言

2016 年 8 月住房和城乡建设部颁发了《2016—2020 年建筑业信息化发展纲要》，纲要中明确了"十三五"时期建筑业信息化发展目标，全面提高建筑业信息化水平，着力增强 BIM、大数据、智能化、移动通信、云计算、物联网等信息技术集成应用能力，建筑业数字化、网络化、智能化取得突破性进展，初步建成一体化行业监管和服务平台，数据资源利用水平和信息服务能力明显提升，形成一批具有较强信息技术创新能力和信息化应用达到国际先进水平的建筑企业及具有关键自主知识产权的建筑业信息技术企业。这表明 BIM 将成为支撑建筑业发展的重要基础和支点，其作用不可忽视，其前景将十分广阔。

BIM（Building Information Modeling）是指建筑信息模型，它是以建筑工程项目的各项相关信息数据作为模型的基础，进行建筑模型的建立，通过数字信息仿真模拟建筑物所具有的真实信息。此概念是以 3D 为基础建立模型，模型中记录了所有关于建筑的信息，如几何空间信息、地理信息、建筑组件数量及相关信息等。BIM 技术是一种应用于工程设计建造管理的数据化工具，通过参数模型整合各种项目的相关信息，在项目策划、运行和维护的全生命周期过程中进行共享和传递，使工程技术人员可以对各种建筑信息做出正确理解和高效应对，为设计团队以及包括建筑运营单位在内的各方建设主体提供协同工作的基础，在提高生产效率、节约成本和缩短工期方面发挥重要作用。

BIM 的提出和发展，对建筑业的科技进步产生了重大影响。建筑领域应用 BIM 技术，有望大幅度提高工程的集成化程度，促进建筑业生产方式的转变，提高投资、设计、施工乃至整个工程生命期的质量和效率，提升科学决策和管理水平。对于建设方来说，有助于业主提升对整个项目的掌控能力和科学管理水平、提高效率、缩短工期、降低投资风险；对于设计单位，可以充分支撑绿色建筑设计、强化设计协调、减少因"错、漏、碰、缺"导致的设计变更，促进设计效率和设计质量的提升；对于施工单位，支撑工业化建造和绿色施工、优化施工方案，促进工程项目实现精细化管理、提高工程质量、降低成本和安全风险。

BIM 的发展衍生出多种软件，BIM 价值和效益正是通过这些软件来实现的。如：Revit 软件、BIM 碰撞软件、5D 施工管理软件、BIM 算量软件等。要完全掌握所有 BIM 软件是不现实的，随着时代的发展软件必定也会被淘汰和更新。我们只需掌握其中一两种典型的 BIM 软件，熟练应用到工作中即可。当然我们也要密切关注 BIM 发展趋势，定期地更新我们的知识水平，才能在激烈的竞争中立于不败之地。因此无论是从业人员还是相关专业的学生，未来 BIM 都不仅仅是一种必须掌握的技能，还可能是一种在职业选择和职业发展中突破自我的有效竞争因素。

本书共五章，第一章从 BIM 基础知识讲起，逐渐拓展到 BIM 在建筑行业领域的应用，使读者对 BIM 技术有个整体了解；第二章主要介绍 BIM 领域的几款软件，初步了解当前 BIM 软件及其特点；第三章主要介绍钢筋工程基础知识；第四章开始介绍 BIM 钢筋算量软件操作，中间穿插一些工程基础知识，对软件中的专业名词充分解释，以利于读者在使用软件时深入了解；第五章以工程实例的形式介绍 BIM 钢筋算量的具体应用，使读者所学知识系统化、体系化，并能够应用于具体工作中。

本书主要针对建筑工程计量与计价专业学习使用，可以作为高等院校工程管理、造价管理、房地产经营管理、审计、公共事业管理、资产评估等专业教材，同时也可以作为建设单位、施工单位、设计及监理单位工程造价人员学习的参考案例。

本书在编写过程中，参阅了有关专家、学者的部分研究成果，在此致以诚挚的敬意。由于时间仓促，加之经验不足，书中难免有疏漏之处，恳请读者批评指正，以便进行修改和完善。

编　者

目　录

第一章 BIM 基础知识

第一节 BIM 概述

一、BIM 概念

BIM 理念的启蒙可以追溯到 1973 年，受全球石油危机的影响，美国全行业需要考虑提高行业效益的问题，1975 年"BIM 之父"Eastman 教授在其研究的课题中提出"a computer-based description of-a building"概念，即 BIM 的雏形，以便于实现建筑工程的可视化和量化分析，提高工程建设效率。时至今日，BIM 技术的研究经历了三大阶段，即萌芽阶段、产生阶段和发展阶段。

BIM 的英文全称是 Building Information Modeling，国内较为一致的中文翻译为"建筑信息模型"。

美国 BIM 标准（NBIMS）对 BIM 的定义由三部分组成：

（1）BIM 是一个设施（建设项目）物理和功能特性的数字表达。

（2）BIM 是一个共享的知识资源，是一个分享有关这个设施的信息。

（3）在项目的不同阶段，不同利益相关方通过在 BIM 中插入、提取、更新和修改信息，以支持和反映其各自职责的协同作业。

从以上定义可以看出，BIM 技术是一种应用于工程设计建造管理的数据化工具，通过参数模型整合各种项目的相关信息，在项目策划、运行和维护的全生命周期过程中进行共享和传递，使工程技术人员可以对各种建筑信息做出正确理解和高效应对，为设计团队以及包括建筑运营单位在内的各方建设主体提供协同工作的基础，在提高生产效率、节约成本和缩短工期方面发挥重要作用。

我国自 2017 年 7 月 1 日起实施的《建筑信息模型应用统一标准》（GB/T 51212—2016）中，对 BIM 有了明确定义，建筑信息模型（BIM）是全寿命期工程项目或其组成部分物理特征、功能特性及管理要素的数字化表达。

通过 BIM 的定义我们可以看出，BIM 具有的含义如下：

（1）BIM 是以三维数字技术为基础，集成了建筑工程项目各种相关信息的工程数据模型，是对工程项目设施实体与功能特性的数字化表达。

（2）BIM 是一个完善的信息模型，能够连接建筑项目生命期不同阶段的数据、过程和资源，是对工程对象的完整描述，提供可自动计算、查询、组合、拆分的实时工程数据，可被建设项目各参与方普遍使用。

（3）BIM 具有单一工程数据源，可解决分布式、异构工程数据之间的一致性和全局共享问题，支持建设项目生命期中动态的工程信息创建、管理和共享，是项目实时的共享数据平台。

二、BIM 与 CAD 区别

从 20 世纪 80 年代初期，建筑师开始在个人计算机上使用 CAD 系统。大部分施工图可以用计算机绘制并打印。这种以集合为基础的技术虽然已经在建筑行业应用了几十年，但最终的图形文件却只能包含建筑项目的小部分信息，如楼层和相关属性。在大型项目中，只能通过人工来协调这些不同的文件和设计数据，任务依然非常艰巨。

目前的工程实施过程中，有着固定的组织边界，通常建筑工程由设计、制作、施工和运营几个独立的团队完成，这种方式限制了各组成部分的互动。在建造过程中使用的数字成果是分散零碎的，重点放了那些分散的、彼此脱节的任务上，比如生成图样、效果图、估算成本或建筑管理记录。BIM 解决方案能够跨越这种脱节的状况，取代这些以任务为基础的应用软件，通过统一的数字模型技术将建筑各阶层联系起来。它所采用的参数化设计方法，是具有开创性的计算机辅助设计新方法。

BIM 是继 CAD（Computer Aided Design，计算机辅助设计）之后的新生代，BIM 从 CAD 扩展到了更多的软件程序领域，如质量检测、工程造价、进度安排等，此外其还蕴藏着服务于设备管理等方面的潜能。

BIM 与 CAD 的区别主要有以下几点：

（1）CAD 技术中的点、线、面等无专业意义。而 BIM 技术的基本元素，如墙、窗、门等，不但具有几何特性，同时还具有建筑物理特征和功能特征。

（2）CAD 技术中如果想改动图元的位置、大小或者其他信息，需要再次画图，或者通过拉伸命令调整大小。而 BIM 技术则将建筑构件参数化，附有建筑属性，在"族"的概念下，只需要更改属性，就可以调节构件的尺寸、样式、材质、颜色等。

（3）CAD 技术表达的各个建筑元素之间没有相关性，而 BIM 技术中的构件则相互关联。例如删除一面墙，墙上的窗和门跟着自动删除；删除一扇窗，墙上原来窗的位置会自动恢复为完整的墙。

（4）CAD 软件在平面上进行一次修改，则其他各面都需要进行人工修改，如果操作不当会出现不同角度视图不一致的低级错误。而 BIM 软件进行一次修改，则平面、立面、剖面、三维视图、明细表等都自动进行相关修改，实现了一处改动，处处改动。

（5）CAD 技术提供的建筑信息非常有限，它只是将纸质图样电子化，不具备专业知识的人是无法看懂的。但 BIM 技术包含了建筑的全部信息，不仅可以提供形象可视的二维和三维图样，而且还可以提供工程量清单、施工管理、虚拟建造、造价估算等更加丰富的信息，便于项目各个部门的相互沟通和协同工作。

BIM 以建筑工程项目的各项相关信息数据作为模型，并通过数字信息仿真模拟建筑物所具有的真实信息。使用 BIM 技术手段进行 BIM 信息化工程管理，可以将参与各方人员统筹到一个平台下，通过模型信息的状况反映项目的方方面面，在施工之前完成项目优化。

BIM 技术不仅有它独特的智能设计，还能实现不同专业设计之间的信息共享、碰撞检测、能耗分析、成本预测、工程量概算等，让工程师像玩电子游戏一样，全方位控制整个建筑流程。在云端就能设计好几乎所有需要的图样。

通过精确的计算，应用 BIM 技术可以节约材料 70%，节水 36%，节能 30%，让浪费的部分降到最低。最关键的是，它能节约二成的工期。BIM 技术的优点详见表 1-1。

表 1-1　BIM 技术的优点

应用方	BIM 技术的优点
业主	实现规划方案预演、场地分析、建筑性能预测和成本估算
设计单位	实现可视化设计、协同设计、性能化设计、工程量统计和管线综合
施工单位	实现施工进度模拟、数字化建造、物料跟踪、可视化管理和施工配合
运营维护单位	实现虚拟现实和漫游、资产、空间等管理，建筑系统分析和灾害应急模拟
软件商	软件的用户数量和销售价格迅速增长
	为满足项目各方提出的各种需求，不断开发、完善软件的功能
	能从软件后续升级和技术支持中获得收益

三、BIM 技术的特点

1. 可视化

对于变化多端的建筑行业来说，可视化运用在建筑业的作用是非常大的。例如：目前工程所用的图样，只是各个构件的信息在图纸上采用线条绘制表达，但是其真正的构造形式就需要建筑业专业人员去识读、自行想象。对于一般简单的建筑物来说，这种想象也未尝不可，但是近几年的建筑形式各异，复杂造型不断推出，那么这种光靠人脑去想象的东西就未免有点不太现实了。

在这种情况下，BIM 的可视化就很好地解决了这个问题。所谓 BIM 可视化，即通过 BIM 软件处理，让人们将以往线条式的构件形成一种三维的立体实物图形。虽然建筑业也有设计方面出效果图的事情，但是这种效果图是分包给专业的效果图制作团队进行识读设计后制作出的线条式信息，并不是通过构件的信息自动生成的，缺少了构件之间的互动性和反馈性。然而 BIM 的可视化是一种能够在构件之间形成互动性和反馈性的可视化，在 BIM 建筑信息模型中，可视化的结果不仅可以用来展示效果图及生成报表，更重要的是，项目设计、建造、运营过程中的沟通、讨论、决策都能在可视化的状态下进行。

2. 协调性

建筑行业无论是设计阶段还是施工阶段，协调管理都是建筑业中的重点内容。工程只要未完成，不管是施工单位还是业主及设计单位，无不在做着协调及互相配合的工作。一旦项目的实施过程中遇到了问题，就要将各有关人士组织起来开协调会，找出施工问题发生的原因及解决办法，然后出变更，做出相应补救措施，进行事后控制。究其原因，往往是在设计时，由于各专业设计师之间的沟通不到位，例如暖通等专业中的管道在进行布置时，由于施工图样是各自绘制各自的，真正施工过程中，可能在布置管线时正好在此处有结构设计的梁等构件妨碍管线的布置，这就是施工中常遇到的碰撞问题。

BIM 的协调性服务就可以帮助处理这种问题，也就是说 BIM 建筑信息模型可以在建筑物建造前期对各专业的碰撞问题进行协调，生成协调数据，提供出来。当然 BIM 的协调作用也并不是只能解决各专业间的碰撞问题，它还可以解决电梯井布置与其他设计布置及净空要求的协调，防火分区与其他设计布置的协调，地下排水布置与其他设计布置的协调等问题。

总之，BIM 的协调性能可以大大减少协调管理的工作量，使协调工作变得更加简单、直观。

3. 模拟性

BIM 的模拟性不仅能模拟设计出建筑物模型，还可以模拟出不能够在真实世界中进行操作的事物。

在设计阶段，BIM 可以对设计上需要进行模拟的一些东西进行模拟实验。例如：节能模拟、紧急疏散模拟、日照模拟、热能传导模拟等；在招标投标和施工阶段可以进行 4D 模拟（三维模型加项目的发展时间），也就是根据施工组织设计模拟实际施工，从而来确定合理的施工方案来指导施工。同时还可以进行 5D 模拟，从而来实现成本控制；后期运营阶段可以模拟日常紧急情况的处理方式，例如地震人员逃生模拟及消防人员疏散模拟等。

4. 优化性

工程项目的实施，实际上是整个设计、施工、运营的不断优化的过程，虽然优化和 BIM 也不存在实质性的必然联系，但在 BIM 的基础上可以做更好的优化、更好地做优化。

我们在进行优化时，一般受三样东西的制约——信息、复杂程度和时间。没有准确的信息做不出合理的优化结果，BIM 模型提供了建筑物的实际存在的信息，包括几何信息、物理信息、规则信息，还提供了建筑物变化以后的实际存在。现代建筑物的复杂程度大多超过参与人员本身的能力极限，就必须借助一定的科学技术和设备的帮助。BIM 及与其配套的各种优化工具则提供了对复杂项目进行优化的可能。基于 BIM 可以在以下两方面进行优化工作：

（1）项目方案优化。把项目设计和投资回报分析结合起来，设计变化对投资回报的影响可以实时计算出来。这样业主对设计方案的选择就不会只停留在对形状的评价上，而更多地想知道哪种项目设计方案更有利于自身的需求。

（2）特殊项目的设计优化。例如：裙楼、幕墙、屋顶、大空间到处可以看到异形设计，这些内容看起来占整个建筑的比例不大，但是占投资和工作量的比例却往往要大得多，而且通常也是施工难度比较大和施工问题比较多的地方，对这些内容的设计施工方案进行优化，可以带来显著的工期和造价改进。

5. 可出图性

BIM 的可出图性并不是指大家日常多见的建筑设计院所出的设计图样及一些构件加工的图样，而是通过对建筑物进行可视化展示、协调、模拟、优化以后，可以帮助业主出以下图样：

（1）一般常用施工图。

（2）综合管线图。

（3）综合结构留洞图。

（4）碰撞检查侦错报告和建议改进方案。

6. 一体化性

BIM 的一体化性，是基于可以进行从设计到施工再到运营的工程项目的全生命周期的一体化管理。BIM 的技术核心是一个由计算机三维模型所形成的数据库，不仅包含了建筑的设计信息，而且可以容纳从设计到建成使用，甚至是使用周期终结的全过程信息。

7. 参数化性

BIM 的参数化建模指的是通过参数而不是数字建立和分析模型，简单地改变模型中的参数值就能建立和分析新的模型；BIM 中图元是以构件的形式出现，这些构件之间的不同是通过参数的调整反映出来的，参数保存了图元作为数字化建筑构件的所有信息。

8. 信息完备性

BIM 的信息完备性体现在 BIM 技术可对工程对象进行 3D 几何信息和拓扑关系的描述以及完整的工程信息描述。

由 BIM 特点，我们可以大体了解 BIM 的相关内容。BIM 在世界很多国家已经有比较成熟的标准或者制度。BIM 在我国建筑行业内要顺利发展，必须将 BIM 和国内的建筑市场特色相结合，才能够满足国内建筑市场的特色需求。

四、BIM 技术在国外的应用

BIM 的发展经过几十年的历程，但是其实践最初主要由几个比较小的先锋国家所主导，比如芬兰、挪威和新加坡，美国的一些早期实践者紧随其后。经过长期的酝酿，BIM 在美国逐渐成为主流，并对包括我国在内的其他国家的 BIM 实践产生影响。

1. 美国

美国是较早启动建筑业信息化研究的国家，发展至今，BIM 深入研究与应用都走在世界前列。目前，美国大多建筑项目已经开始采用 BIM，随着 BIM 的应用范围越来越广，整个行业出现了各种 BIM 协会，也出台了各种 BIM 标准。

2003 年起，美国总务管理局（GSA）通过其下属的公共建筑服务处（Public Buildings Service，PBS）开始实施一项被称为国家 3D-4D-BIM 计划的项目。

2. 英国

与大多数国家不同的是，英国政府要求强制使用 BIM。2011 年 5 月，英国内阁办公室发布了"政府建设战略"文件，到 2016 年，政府要求全面协同 3D-BIM，并将全部的文件以信息化管理。

英国的设计公司在 BIM 实施方面已经相当领先了，因为伦敦是众多全球领先设计企业的总部，如 Foster and Partners、Zaha Hadid Architects、BDP 和 Arup Sports，也是很多领先设计企业的欧洲总部，如 HOK、SOM 和 Gensler。在这些背景下，一个政府发布的强制使用 BIM 的文件可以得到有效执行，因此，英国的 AEC 企业与世界其他地方相比，发展速度更快。

3. 北欧

北欧国家包括挪威、丹麦、瑞典和芬兰，是一些主要的建筑业信息技术软件厂商所在地，如 Tekla 和 Solibri，而且对发源于邻近匈牙利的 ArchiCAD 的应用率也很高。

北欧四国政府强制却并未要求全部使用 BIM，由于当地气候的要求以及先进建筑信息技术软件的推动，BIM 技术的发展主要是企业的自觉行为。

五、BIM 技术在我国应用现状

我国于 2011 年推动 BIM 纳入第十二个五年计划，次年即由我国建筑科学研究院联合有关单位发起成立 BIM 发展联盟，积极发展与建置我国的 BIM 技术与标准、软件开发创新平台。2011 年，共有 39% 的单位表示已经使用了 BIM 相关软件，而其中以设计单位居多。

我国第一个全 BIM 项目，总高 632m 的"上海中心"，通过 BIM 提升了规划管理水平和建设质量，据有关数据显示，其材料损耗从原来的3%降低到0.01%。

但是，如此"万能"的 BIM 正在遭遇发展的瓶颈，并不是所有的企业都认同它所带来的经济效益和社会效益。现在面临的一大问题是 BIM 标准的缺失。目前，BIM 技术的国家标准还未正式颁布施行，寻求一个适用性强的标准化体系迫在眉睫。技术人员匮乏，也是当前 BIM 应用面临的另一个问题，现在国内在这方面仍有很大缺口。地域发展不平衡，北京、上海、广州、深圳等工程建设相对发达的地区，BIM 技术有很好的基础，但在东北、内蒙古、新疆等地区，设计人员对 BIM 却知之甚少。

随着技术的不断进步，BIM 技术也和云平台、大数据等技术产生交叉和互动。上海市政府就对上海现代建筑设计（集团）有限公司提出要求，建立 BIM 云平台，实现工程设计行业的转型。据了解，该 BIM 云计算平台涵盖二维图样和三维模型的电子交付，2017 年试点 BIM 模型电子审查和交付。现代集团和上海市审图中心已经完成了"白图替代蓝图"及电子审图的试点工作。同时，云平台已经延伸到 BIM 协同工作领域，结合应用虚拟化技术，为 BIM 协同设计及电子交付提供安全、高效的工作平台。

第二节　工程项目管理

目前工程项目的精细化管理很难实现的根本原因在于无法快速准确获取海量的工程数据以支持资源计划，致使经验主义盛行。为了更好地使 BIM 技术运用于项目管理，我们应掌握项目管理有关的基础知识。

一、建设项目构成

建设工程项目按规模的大小分为建设项目、单项工程、单位工程、分部工程、分项工程。

1. 建设项目

建设项目也称为基本建设工程项目，是指按一个总体设计组织施工，建成后具有完整的系统，也可以独立地形成生产能力或者使用价值的建设工程。在一个设计任务书的范围内，按规定分期进行建设的项目，仍算作一个建设项目。在民用建筑中，一般以一所宾馆、一个剧院、一所医院、一所学校等为一个建设项目。一个建设项目可以有一个或几个单项工程。

2. 单项工程

单项工程是建设项目的进一步划分，具有独立的设计文件，竣工后可以独立发挥生产能力并产生预期效益的工程子项目，也称作工程项目。它是建设项目的组成部分，有独立的设计文件，可独立发挥生产能力或使用效益。例如：学校中的教学楼、食堂、宿舍等；在工业建筑中，各个生产车间、辅助车间、公用系统、办公楼、仓库等。

3. 单位工程

单位工程是单项工程的组成部分，是可以进行独立施工的工程。通常，单位工程包含不同性质的工程内容，根据其能否独立施工的要求，将其划分为若干个单位工程。例如：车间是一个单项工程，车间的厂房建筑则是一个单位工程，车间的设备安装工程也是一个单位工程。民用建筑是以一幢房屋（包括其附属的水、电、卫生、采暖、通风及煤气设施安装）作为一个单位工程。独立的道路工程、采暖工程、输电工程、给水工程、排水工程等，均可作为一个单位工程。

4. 分部工程

分部工程是单位工程的组成部分，分部工程一般是按单位工程的结构形式、工程部位、构件性质、使用材料、设备种类等的不同而划分的工程项目。我们所说的肢解工程，在国际上也叫平行发包，是允许的，而在我国则是禁止的。

在工业与民用建筑工程中，当分部工程较大时，可将其分为若干子分部工程。如建筑装饰装修分部工程可分为地面工程、门窗工程、吊顶工程等子分部；建筑电气工程可划分为室外电气、电气照明安装、电气动力等子分部工程。一般工业与民用建筑工程的分部工程包括地基与基础、主体结构、建筑装饰装修、建筑屋面、建筑给水排水及采暖、建筑电气、智能建筑、通风与空调、电梯、建筑节能等子分部工程。

5. 分项工程

分项工程是指分部工程的组成部分，是施工图预算中最基本的计算单位，也是概预算定额的基本计量单位，故也称为工程定额子目或工程细目，是将分部工程进一步划分而成的。它是按照不同的施工方法、不同材料的不同规格等确定的。例如：土石方工程可分为人工挖地槽、挖地坑、回填土等工程；砌筑工程可分为砖基础、毛石基础、砖砌外墙、砖砌内墙等工程。

二、建设项目基本程序

我国工程基本建设程序有项目建议书阶段、可行性研究阶段、设计阶段、建设准备阶段、建设实施阶段、竣工验收阶段和后评价阶段，如图 1-1 所示。其中每一阶段都包含着许多环节。

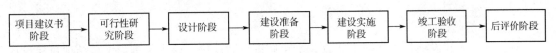

图 1-1　建设项目基本程序

1. 项目建议书阶段（立项）

项目建议书是项目建设筹建单位，根据国民经济和社会发展的长远规划、行业规划、产业政策、生产力布局、市场、所在地的内外部条件等要求，经过调查、预测分析后，提出的某一具体项目的建议文件，是基本建设程序中最初阶段的工作，是对拟建项目的框架性设想，也是政府选择项目和可行性研究的依据。

项目建议书的主要作用是为推荐一个拟建设的项目进行初步说明，论述建设的必要性、重要性、条件的可行性和获得的可能性，供政府选择确定是否进行下一步工作。

2. 可行性研究阶段

可行性研究是对项目在技术上是否可行和经济上是否合理进行科学的分析和论证。通过对建设项目在技术、工程和经济上的合理性进行全面分析论证和多种方案比较，提出评价意见。

3. 设计阶段

设计是对拟建工程的实施在技术上和经济上所进行的全面而详尽的安排，是基本建设计划的具体化，是把先进技术和科研成果引入建设的渠道，是整个工程的决定性环节，是组织施工的依据。根据建设项目的不同情况，设计过程一般划分为两个阶段，即初步设计和施工图设计。

4. 施工建设准备阶段

施工建设准备阶段主要任务是编制项目投资计划书，并按现行的建设项目审批权限进行报批、报建备案、招标等。

5. 竣工验收阶段

根据国家现行规定，凡新建、扩建、改建的基本建设项目和技术改造项目，按批准的设计文件所规定的内容建成，符合验收标准的，必须及时组织验收，办理固定资产移交手续。

进行竣工验收必须符合以下要求：

（1）项目已按设计要求完成，能满足生产使用。

（2）主要工艺设备配套设施经联动负荷试车合格，形成生产能力，能够生产出设计文件所规定的产品。

（3）生产准备工作能适应投产需要。

（4）环保设施、劳动安全卫生设施、消防设施已按设计要求与主体工程同时建成使用。

竣工验收依据如下：

（1）批准的可行性研究报告、初步设计、施工图和设备技术说明书。

（2）现场施工技术验收规范。

（3）主管部门有关审批、修改、调整文件等。

建设单位应认真做好竣工验收的准备工作：

（1）整理工程技术资料。

（2）绘制竣工图样。

（3）编制竣工决算。

（4）竣工审计。

6. 后评价阶段

对一些重大建设项目，在竣工验收若干年后进行后评价。这主要是为了总结项目建设成功和失败的经验教训，供以后项目决策借鉴。

三、工程承（发）包

工程承（发）包也称工程招标承包制，是通过招标、投标的一定程序建立工程买方与卖方、发包与承包的关系的一种经营方式。招标是卖方的活动，投标是买方的活动。通过招标承包制使买方通过竞争来获得工程，使卖方选择适当的施工单位。

工程承（发）包方式，是指发包人与承包人双方之间的经济关系形式。从承（发）包的范围、承包人所处的地位、合同计价方法、获得承包任务的途径等不同的角度，可以对工程承（发）包方式进行不同分类，其主要分类如下：

1. 按承（发）包范围（内容）划分，可分为建设全过程承（发）包、阶段承（发）包和专项（业）承（发）包

建设全过程承（发）包又称统包、一揽子承包、交钥匙工程。它是指发包人一般只要提出使用要求、竣工期限或对其他重大决策性问题做出决定，承包人就可对项目建议书、可行性研究、勘察设计、材料设备采购、建筑安装工程施工、职工培训、竣工验收，直到投产使用和建设后评价等全过程，实行全面总承包，并负责对各项分包任务和必要时被吸收参与工程建设有关工作的发包人的部分力量，进行统一组织、协调和管理。建设全过程承（发）包，主要适用于大中型建设项目。

阶段承（发）包和专项（业）承（发）包方式可划分为包工包料、包工部分包料、包工不包料这三种方式。

（1）包工包料即工程施工所用的全部人工和材料由承包人负责。其优点是便于调剂余缺，合理组织供应，加快建设速度，促进施工企业加强企业管理，精打细算，厉行节约，减少损失和浪费；有利于合理使用材料，降低工程造价，减轻建设单位的负担。

（2）包工部分包料即承包人只负责提供施工的全部人工和一部分材料，其余部分材料由发包人或总承包人负责供应。

（3）包工不包料又称包清工，实质上是劳务承包，即承包人（大多是分包人）仅提供劳务而不承担任何材料供应的义务。

2. 按承包人所处的地位划分，可分为 EPC 承包模式、总分包承包、平行承包、联合体承包、合作体承包等

（1）EPC 承包模式也称为项目总承包，是指一家总承包商或承包商联合体对整个工程的设计、材料设备采购、工程施工实行全面、全过程的"交钥匙"承包。

（2）总分包承包是将工程项目全过程或其中某个阶段（如设计或施工）的全部工作发包给一家资质条件符合要求的承包单位，由该承包单位再将若干专业性较强的部分工程任务发包给不同的专业承包单位去完成，并统一协调和监督各分包单位的工作。这样，业主只与总承包单位签订合同，而不与各专业分包单位签订合同。

（3）业主将工程项目的设计、施工以及设备和材料采购的任务分别发包给多个设计单位、施工单位和设备材料供应厂商，并分别与各承包商签订合同。

（4）联合体承包是由几家公司联合起来成立联合体去竞争承揽工程建设任务，以联合体的名义与业主签订工程承包合同。

（5）合作体承包是几家公司自愿结成合作伙伴，成立一个合作体，以合作体的名义与业主签订工程承包意向合同（也称基本合同）。达成协议后，各公司再分别与业主签订工程承包合同，并在合作体的统一计划、指挥和协调下完成承包任务。

3. 按合同计价方法划分，可分为总价合同、单价合同和成本加酬金合同

（1）所谓总价合同是指支付承包方的款项在合同中是一个"规定的金额"，即总价。总价合同的主要特征：一是根据确定的由承包方实施的全部任务，按承包方在投标报价中提出的总价确定；二是对实施的工程性质和工程量应在事先明确商定。总价合同又可分为固定总价合同和可调总价合同两种形式。

（2）施工图不完整或当准备发包的工程项目内容、技术经济指标一时还不能明确、具体地予以规定时，往往要采用单价合同形式。这样在不能比较精确地计算工程量的情况下，可以避免凭运气而使发包方或承包方的任何一方承担过大的风险。工程单价合同可细分为估算工程量单价合同和纯单价合同两种不同形式。

（3）成本加酬金合同主要适用于工程内容及其技术经济指标尚未全面确定，投标报价的依据尚不充分的情况下，发包方因工期要求紧迫，必须发包的工程；或者发包方与承包方之间具有高度的信任，承包方在某些方面具有独特的技术、特长和经验的工程。以这种形式签订的建设施工合同，有两个明显缺点：一是发包方对工程总价不能实施实际的控制；二是承包方对降低成本也不大感兴趣。因此，这种合同形式在建设工程中很少采用。

四、施工阶段质量与进度

（1）建筑工程项目的施工质量分为工序质量、分部工程质量以及单位工程质量，每一道工序都会对建筑工程的质量产生影响。

在施工过程中，为了保证建设工程项目整体的质量，需要对整个施工过程进行全面的质量控制，其中包括对建筑工程施工之前、施工过程中以及竣工后的质量控制，这三个部分不是相互独立的，它们之间存在一定联系，构成一个质量控制的完整网络。

建筑工程项目施工阶段质量控制的具体措施有：

1）在每一道工序开始之前，相关负责人要做好交底工作。

2）质量检验员要做好质量检验工作，对出现的质量问题要及时处理，对不符合要求的部分要立即停工并做出整改。

3）要做好前后工序的交接工作，如果上一道工序不符合要求，下一道工序绝对不能够开始。

4）要加强工程资料的管理工作，保证建筑工程资料、数据的完整性，做好竣工时的资料检验准备。

施工阶段的质量控制是整个工程项目建设过程中的重要内容，我们需要对出现质量问题的原因进行研究分析，然后在实际施工过程中要避免再出现类似的质量问题。

（2）保证工程项目按期建成交付使用，是建设工程施工阶段进度控制的最终目的。

为了有效地控制施工进度，首先要将施工进度总目标从不同角度进行层层分解，形成施工进度控制目标体系，从而作为实施进度控制的依据。

不但要有总目标，还要有各单位工程交工动用的分目标以及按承包单位、施工阶段和不同计划期划分的分目标。各目标之间相互联系，共同构成建设工程施工进度控制目标体系。其中，下级目标受上级目标的制约，下级目标保证上级目标，最终保证施工进度总目标的实现。

对于工程进度的影响因素，一般认为有人为因素、技术因素、材料和设备因素、机具因素、地基因素、资金因素、气候因素、环境因素等，但国内外的专家认为，人的因素是最主要的干扰因素，常见的有以下几种情况：

1）对项目的特点与项目实现的条件认识不清。比如，过低地估计了项目的技术困难，没有考虑到设计与施工中遇到的问题，需要开展科研与试验，这既需要资金也需要时间；低估了多个单位参加工程建设的工作不协调；对建设条件事先没有搞清楚，对项目的交通、供水、供电问题不清楚；对于施工物资的供应安排不清楚。

2）项目参加人员的工作失误。如设计人员工作拖拉；建设业主不能及时决策；总包施工单位对分包单位的选择失误；建委、质监站拖延了审批时间。

3）不可预见的事情发生。如战争、骚乱、地震、洪水、工程事故、企业倒闭等天灾人祸的发生。

4）施工阶段进度控制的技术措施。在工程施工中，应加强技术管理工作，技术是项目的重要生产要素，对一项技术是否进行管理及管理的程度如何，关系到项目的目标能否顺利实现。

五、造价管理

目前对工程造价有两种含义。

第一种含义：工程造价是指建设一项工程预期开支或实际开支的全部固定资产投资费用。也就是一项工程通过建设形成相应的固定资产、无形资产所用一次性费用的总和。这一含义是从投资者——业主的角度来定义的。建设项目总投资构成，如图1-2所示。

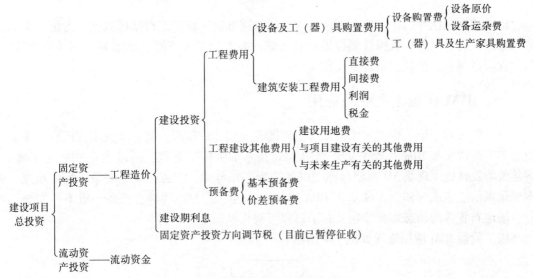

图1-2　建设项目总投资构成

第二种含义：一般来说对于施工单位而言，工程造价是指为建成一项工程，预计或实际在土地市场、设备市场、技术劳务市场等交易活动中所形成的建筑安装工程的价格和建设工程总价格。通常是把工程造价的第二种含义只认定为工程承（发）包价格。它是在建筑市场通过招标投标，由需求主体投资者和供给主体建筑商共同认可的价格。

为了适应工程建设过程中各方经济关系的建立，适应项目管理和工程造价控制的要求，需要按照建设阶段进行多次计价。在项目建议书和可行性研究阶段编制投资估算；初步设计阶段编制初步设计总概算；技术设计阶段编制修正概算；施工图设计阶段编制施工图预算；招标投标阶段确定承（发）包合同价；竣工验收阶段确定结算价；竣工决算阶段编制竣工决算，从而达到如实体现该建设工程的实际造价的目的。从整个计价过程来看，计价程序是由粗到细，由浅到深，最后确定工程实际造价。工程造价管理阶段划分如图1-3所示。

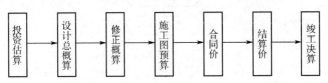

图1-3　工程造价管理阶段划分

工程造价中建筑安装费是造价控制的重点，根据建标〔2013〕44号关于印发《建筑安装工程费用项目组成》的通知规定。建筑安装工程费按照费用构成划分，主要有人工费、材料（包含工程设备，下同）费、施工机具使用费、企业管理费、利润、规费和税金。其中人工费、材料费、施工机具使用费、企业管理费和利润包含在分部（分项）工程费、措施项目费、其他项目费中。

第三节　BIM 在项目管理中的应用

BIM 的出现让我们在项目管理过程中，能快速准确地获得工程基础数据，为施工企业制订精确的人力、材料、机械计划提供有效支撑，大大减少了资源、物流和仓储环节的浪费，为实现限额领料、消耗控制提供技术支撑。

一、BIM 在施工企业的应用

施工阶段对于施工企业来说是工程由蓝图变成实体的阶段，其重要性不言而喻。施工企业在施工阶段实施 BIM 管理主要是利用 BIM 技术加强施工管理，通过建立 BIM 施工模型，将建筑物及其施工现场 3D 模型与施工进度链接，并与施工资源、安全质量、场地布置、成本变化等信息集成一体，实现基于 BIM 的施工进度、人力、材料、设备、成本、安全、质量、场地布置等的动态集成管理及施工过程可视化模拟。

施工阶段 BIM 应用流程如图 1-4 所示。

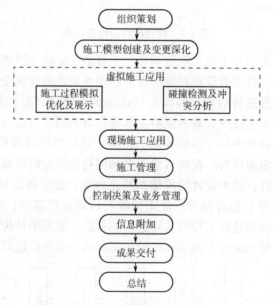

图 1-4　施工阶段 BIM 应用流程

二、BIM 在图样会审中的应用

图样会审是施工准备阶段技术管理主要内容之一，认真做好图样会审，检查图样是否符合相关条文规定，是否满足施工要求，施工工艺与设计要求是否矛盾，以及各专业之间是否冲突，对于减少施工图中的差错，完善设计，提高工程质量和保证施工顺利进行都有重要意义。

传统的图样会审主要是各专业设计人员通过熟悉图样，发现图样中的问题，业主汇总相关图样问题，并召集监理、设计单位以及项目经理部项目经理、生产经理、商务经理、技术员、施工员、预算员、质检员等相关人员一起对图样进行审查，针对图样中出现的问题进行商讨修改，最后形成会审纪要。

基于 BIM 的图样会审与传统的图样会审的区别有以下几个方面：

（1）在熟悉图样的过程中，发现部分图样问题，并将问题进行汇总。在熟悉图样之后，相关专业人员开始依据施工图样创建施工图设计模型，在完成模型创建之后通过软件的碰撞检查功能，进行专业内以及各专业间的碰撞检查，发现图样中的设计问题，这项工作与深化设计工作可以合并进行。

（2）在多方会审过程中，将三维模型作为多方会审的沟通媒介，在多方会审前将图样中出现的问题在三维模型中进行标记，会审时，对问题进行逐个评审并提出修改意见，可以大大地提高沟通效率。

（3）在进行会审交底过程中，通过三维模型，就会审的相关结果进行交底，向各参与方展示图样中某些问题的修改结果。

总之，基于 BIM 的图样会审会发现传统二维图样会审所难以发现的许多问题。传统的图样会审都是在二维图样中进行审查，难以发现空间上的问题，基于 BIM 的图样会审是在三维模型中进行的，各工程构件之间的空间关系一目了然，通过软件的碰撞检查功能进行检查，可以很直观地发现图样中不合理的地方。

三、BIM 在施工组织设计与方案优化中的应用

施工组织设计文件是项目管理中技术策划的纲领性文件，是用来指导项目施工全过程各项活动的技术、经济和组织的综合性文件，是施工技术与施工项目管理有机结合的产物，它能保证工程开工后施工活动有序、高效、科学合理地进行。

传统的施工组织设计及方案优化流程是首先由项目人员熟悉设计施工图样及进度要求，以及可提供的资源，然后编制工程概况、施工部署以及施工平面布置，并根据工程需要编制工程投入的主要施工机械设备和劳动力安排等内容，在完成相关工作之后提交给监理单位对施工组织设计以及相关施工方案进行审核；监理审核不通过，则根据相关意见进行修改；监理审核通过之后提交给业主审核，审核通过后，相关工作按照施工组织设计执行。

基于 BIM 的施工组织设计优化了施工组织设计的流程，提高了施工组织设计的表现力，需要注意以下几个方面：

（1）基于 BIM 的施工组织设计结合三维模型对施工进度相关控制节点进行施工模拟，展示在不同的进度控制节点、工程各专业的施工进度。

（2）在对相关施工方案进行比选时，通过创建相应的三维模型对不同的施工方案进行三维模拟，并自动统计相应的工程量，为施工方案选择提供参考。

（3）基于 BIM 的施工组织设计为劳动力计算、材料、机械、加工预制品等统计提供了新的解决方法，在进行施工模拟的过程中，将资金以及相关材料资源数据录入到模型当中，

在进行施工模拟的同时也可查看在不同的进度节点相关资源的投入情况。

基于 BIM 的施工组织设计和方案优化与传统的施工组织设计相比有很大的提高，利用 BIM 对施工进度计划以及相关施工方案进行三维模拟，更加直观地展示了工程进度以及相关施工方案的具体实施过程，便于发现其中的问题。在另一方面，若项目前期没有相关模型，再进行设计模型的创建，工作量就比较大。

四、BIM 与设计变更

在施工过程中，遇到一些原设计未预料到的具体情况，需要进行变更处理。例如：增减工程内容、修改结构功能、设计错误与遗漏、施工过程中的合理化建议以及使用材料的改变，这些都会引起设计变更。设计变更可以由建设单位、设计单位、施工单位或监理单位中的某一个单位提出，有些则是上述几个单位都会提出。例如，工程的管道安装过程中遇到原设计未考虑到的设备和管道、在原设计标高处无安装位置等，需改变原设计管道的走向或标高，经设计单位和建设单位同意，办理设计变更或设计变更联络单。这类设计变更应注明工程项目、位置、变更的原因、做法、规格和数量，以及变更后的施工图，经各方签字确认后即为设计变更。基于 BIM 的设计变更实现模型的参数化修改，可以轻松对比变更前后工程部位的具体变化，并具有可追溯性。

1. 基于 BIM 的设计变更实施要点

传统的设计变更主要是由变更方提出设计变更报告，提交监理方审核，监理方提交建设方审核，建设方审核通过再由设计院开具变更单，完成设计变更工作。

基于 BIM 的设计变更与传统的设计变更相比，应注意以下几个方面：

（1）在审核设计变更时，依据变更内容，在模型上进行变更形成相应的变更模型，为监理和业主方对变更进行审核时提供变更前后直观的模型对比。

（2）在设计变更完成之后，利用变更后 BIM 模型可自动生成并导出施工图样，用于指导下一步的施工。

（3）利用软件的工程量自动统计功能，可自动统计变更前和变更后以及不同的变更方案所产生的相关工程量的变化，为设计变更的审核提供参考。

（4）设计变更对施工深化设计模型产生影响，进而对相应的施工过程模型也产生影响。由于在目前的政策环境下和 BIM 应用成熟度条件下，BIM 模型尚没有正式用于项目管理。但是，在实际工作中，应用 BIM 模型辅助设计变更已经取得了不错的效果，例如，通过在设计变更报告中插入 BIM 模型截图来表达变更意图以及变更前后设计方案的对比，其直观性对于提高沟通效率有很大的帮助。

2. BIM 设计变更的优势

基于 BIM 的设计变更为建设工程施工过程中的设计变更提供了新的思路。一方面，三维可视化为设计变更的审核提供了新的平台，更为直观地展现设计变更前后模型的变化，更快捷地统计对比变更前后工程量的变化；另一方面，基于 BIM 的设计变更，在确认变更之后，通过对模型按照变更方案进行修改，自动导出相关的施工图样，大大减少了工程因为变更而产生的大量的绘图量。

五、BIM 与质量、安全管理

BIM 技术在工程项目质量、安全管理中的应用目标是通过信息化的技术手段全面提升工程项目的建设水平，实现工程项目的精细化管理。在提高工程项目施工质量的同时，更好地实现工程项目的质量管理目标和安全管理目标。基于 BIM 技术，对施工现场重要生产要素的状态进行绘制和控制，有助于实现危险源的辨识和动态管理，有助于加强安全策划工作，使施工过程中的不安全行为、不安全状态得到减少和消除。做到不发生事故，尤其是避免人身伤亡事故，确保工程项目的效益目标得以实现。

1. 基于 BIM 技术的质量管理实施要点

传统的质量管理主要依靠制度的建设、管理人员对施工图样的熟悉及依靠经验判断施工手段合理性来实现，这对于质量管控要点的传递、现场实体检查等方面都具有一定的局限性。采用 BIM 可以在技术交底、现场实体检查、现场资料填写、样板引路方面进行应用，帮助提高质量管理方面的效率和有效性。在实施过程中应注意以下几个方面：

（1）模型与动画辅助技术交底。针对比较复杂的工程构件或无法用二维表达的施工部位建立 BIM 模型，将模型图片加入到技术交底书面资料中，便于分包方及施工班组的理解；同时利用技术交底协调会，将重要工序、质量检查重要部位在计算机上进行模型交底和动画模拟，直观地讨论和确定质量保证的相关措施，实现交底内容的无缝传递。

（2）现场模型对比与资料填写。通过 BIM 软件，将 BIM 模型导入到移动终端设备，让现场管理人员利用模型进行现场工作的布置和实体的对比，直观快速地发现现场质量问题，并将发现的问题拍摄后直接在移动设备上记录整改问题，将照片与问题汇总后生成整改通知单下发，保证问题处理的及时性，从而加强对施工过程的质量控制。

（3）动态样板引路。将 BIM 融入到样板引路中，打破传统在现场占用大片空间进行工序展示的单一做法，在现场布置若干个触摸式显示屏，将施工重要样板做法、质量管控要点、施工模拟动画、现场平面布置等进行动态展示，为现场质量管控提供服务。

2. 基于 BIM 的安全管理实施要点

传统的安全管理、危险源的判断和防护设施的布置都需要依靠管理人员的经验来进行，特别是各分包方对于各自施工区域的危险源辨识比较模糊。基于 BIM 的安全管理实施过程中应注意以下两个方面：

（1）通过建立的三维模型让各分包管理人员提前对施工面的危险源进行判断，并通过建立防护设施模型内容库，在危险源附近快速地进行防护设施模型的布置，比较直观地将安全死角进行提前排查。

（2）对项目管理人员进行模型和仿真模拟交底，确保现场按照防护设施模型执行。

六、竣工验收

传统工程竣工验收工作由建设单位负责组织实施，在完成工程设计和合同约定的各项内容后，先由施工单位对工程质量进行检查，确认工程质量符合有关法律法规和工程建设强制性标准，符合设计文件及合同要求，然后提出竣工验收报告。建设单位收到工程竣工验收报告后，对符合竣工验收要求的工程，组织设计、监理等单位和其他有关方面的专家组成验收组，制订验收方案。在各项资料齐全并通过检验后，方可完成竣工验收。

基于 BIM 的竣工验收与传统的竣工验收不同。基于 BIM 的工程管理注重工程信息的实时性，项目的各参与方均需根据施工现场的实际情况将工程信息实时录入到 BIM 模型中，并且信息录入人员须对自己录入的数据进行检查并负责到底。在施工过程中，分部（分项）工程的质量验收资料、工程洽商、设计变更文件等都要以数据的形式存储并关联到 BIM 模型中，竣工验收时，信息的提供方须根据交付规定对工程信息进行过滤筛选，筛除冗余信息。

通过分析施工过程中形成的各类工程资料，结合 BIM 模型的特点与工程实际施工情况、工程资料与模型的关联关系，将工程资料分为三种：

（1）一份资料信息与模型多个部位关联。

（2）多份资料信息与模型一个部位发生关联。

（3）工程综合信息的资料，与模型部位不关联。

将上述三种类型资料与 BIM 模型链接在一起，形成蕴含完整工程资料并便于检索的竣工 BIM 模型。基于 BIM 的竣工验收管理模式的各种模型与文件、成果交付应当遵循项目各方预先规定的合约要求。

七、BIM 成果形式

1. 模型文件

模型成果主要包括地质、测绘、桥梁、隧道、路基、房建等专业所构建的模型文件，以及各专业整合后的整合模型。

2. 文档格式

在 BIM 技术应用过程中所产生的各种分析报告等由 Word、Excel、PowerPoint 等办公软件生成的相应格式的文件，在交付时统一转换为 pdf 格式。

3. 图形文件

主要是指按照施工项目要求，对指定部位由 BIM 软件渲染生成的图片，格式为 pdf。

4. 动画文件

BIM 技术应用过程中基于 BIM 软件按照施工项目要求进行漫游、模拟，通过录屏软件录制生成的 avi 格式视频文件。

八、BIM 应用所面临的困难

施工企业肩负着保障工程质量、工期、成本、安全文明施工等全方位的施工管理责任，面对错综复杂、千头万绪的工作，如何做好施工过程管理，成为施工企业必须面对的问题。当前 BIM 仍处于应用初期，施工企业一般已经在项目上开始应用 BIM，但对于即将或正在实施的项目来说，项目经理核心工作是确保项目履约，而不是科研。

因此，BIM 在项目层面具体应用中有以下几个困难点：

（1）项目经理自身对 BIM 的理解与能力。

（2）没有经验和体系保障的 BIM 价值的相对不清晰性和不及时性与实施中的项目所具有质量、成本、进度等刚性约束之间的矛盾。

（3）BIM 所代表的数字化思维方式和过程化导向管理模式与当前施工项目管理结果导向和粗放式管理模式之间的冲突。

（4）施工阶段的核心不是建模能力而是模型解构能力，将虚拟的建筑模型快速解构为现实的构件与生产工艺，这需要模块化与机械化的支撑，这些还需要一定的时间。

第四节　BIM 与进度管理

项目进度管理是指项目管理者按照目标工期要求编制计划，实施和检查计划的实际执行情况，并在分析进度偏差原因的基础上，不断调整、修改计划直至工程竣工交付使用。通过对进度影响因素实施控制及各种关系协调，综合运用各种可行方法、措施，将项目的计划工期控制在事先确定的目标工期范围之内，在兼顾成本、质量控制目标的同时，努力缩短建设工期。

基于 BIM 技术的虚拟施工，可以根据可视化效果看到并了解施工的过程和结果，更容易观察施工进度的发展，且其模拟过程不消耗施工资源，可以很大程度地降低返工成本和管理成本，降低风险，增强管理者对施工过程的控制能力。

基于 BIM 技术的进度管理主要包括进度计划的编制和执行监控两部分内容。

一、基于 BIM 技术的进度计划编制

1. 明确应用目标

基于 BIM 的进度计划管理对工作量影响最大的地方就在于模型建立与匹配分析。在宏观模拟中，进度计划的展示并不要求详细的 BIM 模型，只需要用体量区分每个区域的工作内容即可。在专项模拟中则需要更加精细的模型，这种模拟适合有重大危险或相当复杂抽象的专项方案。

首先需要考虑的是选择不同的模拟目标会对后续工作的流程以及选择的软件造成一系列影响。若选择使用三维体量进行进度计划模拟，主要展示的是工作面的分配和交叉，方便对进度计划进行合理性分析。这种方式在工程量估算等方面准确性不高，视觉表现较简陋。

若在三维体量的基础上追求更好的视觉效果，可以用简易模型进行进度模拟，模型中只区分核心筒、砌体墙、柱、梁、板和机电各专业，粗装修、精装修等工作可用砌体墙模型以不同颜色进行表现。这种方式下的表现力有所提升，但是在工程量估算、成本估算等方面依然不准确。

若按图样建立模型或使用设计院的模型进行施工进度模拟，是最实用的施工进度模拟。在工程量估算准确性和视觉表现上都是十分优秀的，但是要考虑简化模型，减少制作施工模拟的工程量。推荐使用这种方式进行施工模拟，但是要预留较长的工作时间。

若进行专项模拟，主要展示的是复杂、抽象的操作或工作条件，主要用于交底和沟通。以展示清楚为优先，平衡建模与模拟的工作量。

2. 根据实际需要建立进度模拟模型

进度模拟模型可选择使用以下几种：

（1）体量模型。建立体量模型时主要考虑对工作面的表达是否清晰，按照进度计划中工作面的划分进行建模。体量模型建模最快，一般 2 小时内可完成，推荐使用 Revit 进行体

量建模，方便输入进度计划参数进行匹配。

（2）简化模型。当工作的细分要求较高时，应建立简化模型进行模拟，简化模型在体量模型的基础上能反映工程的一些特点。简化模型的建模速度也较快，建议使用 Revit 建模，方便进度计划参数的输入。

（3）多专业合成模型。当需要反映局部工作的施工特点时，可采用多专业合成模型。如：将 Revit、Tekla、Rhino 等模型导入软件中进行模拟制作。在采用多专业模型时应注意，不同软件的模型导入 Navisworks 时需要调整基点位置；除 Revit 模型外，其他的模型需手动匹配，最好能按不同软件设置不同的匹配规则。

3. 编制总进度计划工作表

编制总进度计划工作表时，应考虑 4D、5D 施工模拟的要求，选择以工作位置、专业为区分的 WBS 工作分解结构模板，批量设置相关匹配信息。选择以工作位置、专业为区分的 WBS 模板是考虑到施工模拟需要以三维模型、三维体量进行进度计划展示，因此需要很好地界定三维模型，否则会造成视觉上的混乱，影响进度计划的表达。

建议进度计划中包括并不限于以下信息：

（1）进度信息与模型匹配的信息。

（2）模型中不同专业的信息。

（3）用于模型筛分的信息。

4. 工程量估算

工程量估算大致分为导出数据信息进行估算、导入专业算量软件进行计算、在一站式管理软件中进行计算这三种方式。

第一种，以 Revit、Excel、MS Project 的协同工作为主，导出 Revit 数据至 Excel 表格进行估算，再将数据输入进度计划软件中。

第二种，以 Revit、国内造价软件（广联达、鲁班、斯维尔等）、Project 的协同工作为主，将 Revit 模型导入国内造价软件进行算量，再将数据输入进度计划软件中。

第三种，以 Vico、iTWO 的一站式管理软件应用为主，在理论上，可将模型导入 Vico、iTWO 中，通过进行分区分层、进度计划编制、模型与进度关联、工程量计算、造价计算、劳动力计算、进度时间估算等工作，从而制作出 5D 施工模拟。但目前 Vico、iTWO 在国内还缺乏足够的应用实践，其实用性有待于进一步验证。

5. 工作持续时间估算

工作持续时间估算是在工程量估算的基础上，分配劳动力与机械，依据工程量与施工企业定额估算工作的持续时间。估算方式是将工程量数据导入进度计划软件中进行估算。将工程量估算中的前两种方式计算出的工程量数据导入进度计划软件中，设置施工定额，进度软件自动计算工作持续时间。

6. 模型与进度计划进行匹配

模型与进度计划进行匹配时，可灵活采取匹配方式。匹配方式主要有以下两种：

（1）手动匹配。手动匹配时，是在 Navisworks 中选择模型，与相对应的进度计划项进行匹配。筛选出模型的方式多种多样，因此手动匹配方法多种多样。手动匹配的优势在于灵活、方便、操作简单。

（2）规则自动匹配。按规则进行自动匹配主要是依据模型的参数特点按照一定的规则对应到进度计划项上。自动匹配快捷方便，能在一定程度上降低匹配工作量，但是缺点是不够灵活，流程烦琐，匹配错了难以修改。

7. 进度优化及核查

进度优化主要还是依靠原有的优化工具进行，在复杂工程的进度优化上，可使用 Navisworks 等软件制作施工进度模拟，通过动画的方式表现进度安排情况，直观检查进度中不合理的安排。

8. 总控计划交底

计划交底采取施工模拟与工作计划表相结合的方式进行，需要调整的部分则进行讨论、记录，意见达成一致后，修改总进度计划及施工模拟。施工进度模拟在交底中的作用也非常显著，在进度协调会中临时检查进度计划表中的各项关系，查找效率低的重要原因，在进度协调时利用清晰直观的动画进行展示，减少了各方的理解歧义，以便达成共识。

9. 编制阶段进度计划

计划协调部在将一级总进度计划分解细化形成阶段计划的过程中，应对复杂情况的施工区域额外进行详细度更高的施工模拟，提前核查可能发生的情况。阶段性计划可以从总控计划中抽取出来，细化成分段更细的施工进度部署。编制方法与编制总控计划的施工进度模拟相同。

10. 审查分包方计划合理性

在进度会议上进行进度计划的协调工作时，利用施工模拟、流线图等方式辅助沟通，减少分包各方的理解歧义，快速理解工作面交接，以便达成共识。

二、BIM 进度计划实施

基于 BIM 进度计划编制完成后的实施，应按以下步骤进行：

1. 执行进度计划跟踪

进度计划的跟踪需要在进度计划软件中输入进度信息与成本信息，数据录入后同步至施工进度模拟中，对进度计划的完成情况形成动画展示。相比传统工作来说并未增加工作量。

2. 进度计划数据分析

同样适用赢得值法进行分析，但是数据主要通过自动估算以及批量导入，相比传统估算方式，会更加准确，而且修改起来更加快捷。由于 BIM 在信息集成上的优势，在工作滞后分析上可利用施工模拟查看工作面的分配情况，分析是否有互相干扰的情况。在组织赶工时利用施工进度模拟进行分析，分析因赶工增加资源对成本、进度的影响，分析赶工计划是否可行。

3. 形象进度展示

在输入进度信息的基础上，利用施工模拟展示进度执行情况，用于会议沟通、协调。对进度计划的实际情况展示方面，施工模拟具有直观的优势，能直观了解全局的工作情况。对于滞后工作、后续工作的影响也能很好地展示出来，能快速让各方了解问题的严重性。

4. 总包例会协调

在会议上通过施工模拟与项目实际进展照片的对比，分析上周计划执行情况，布置下周生产计划、协调有关事项。

5. 进度协调会的协调

在交叉作业频繁、工期紧迫等特殊阶段，当专业工程进度严重滞后或对其他专业工程进度造成较大影响时，应组织相关单位召开协调会并形成纪要。会议应使用4D、5D施工模拟展示项目阶段进度情况，分析总进度情况，分析穿插作业的滞后对工作面交接的影响，辅以进度分析的数据报表，增强沟通、协调效果。

6. 进度计划变更的处理

若进度计划变更不影响模型的划分，即修改进度计划并同步至软件中。若进度计划变更影响模型的划分，先记录变更部位，划定变更范围，逐项修改模型划分与匹配信息。模型修改完成后，将进度计划与模型重新同步至软件中进行匹配，完成变更的处理。处理完成后，留下记录，记录应包括变更部位、变更范围、时间、版本。

7. 模型变更的处理

模型变更时，先记录变更部位，划定变更范围。为修改后的部位划分范围，输入进度信息、专业信息等数据。将模型同步至软件中，重新进行匹配，完成变更处理。处理完成后，留下记录，记录应包括变更部位、变更范围、时间、版本。

三、基于 BIM 的 5D 计划管理

建筑信息模型的 5D 应用是指建筑三维数字模型结合项目建设时间轴与工程造价轴控制的应用模式，即 3D 模型＋时间＋费用的应用模式。在该模式下，建筑信息模型集成了建设项目所有的几何、物理、性能、成本、管理等信息，在应用方面为建设项目各方提供了施工计划与造价控制的所有数据。项目各方人员在正式施工之前就可以通过建筑信息模型确定不同时间节点的施工进度与施工成本，可以直观地按月、按周、按日观看到项目的具体实施情况并得到该时间节点的造价数据，方便项目的实时修改调整，实现限额领料施工，最大地体现造价控制的效果。

（1）基于 5D 实现资金计划管理和优化。无论业主方，还是施工单位都需要预计产值和资金需求计划。利用 BIM 5D 管理软件可以快速测算项目造价，并且可以用于项目前期预算以及项目最终结算。在 BIM 5D 软件中，将进度时间参数加载到 BIM 模型，把造价与进度关联，软件可以实现不同维度（空间、时间、工序）的造价管理，根据时间节点或者工程节点的设置，软件可以自动输出详细的费用计划。

（2）利用 5D 模型可以方便快捷地进行施工进度模拟和资源优化。在 BIM 5D 软件中，施工进度计划绑定预算模型之后，基于 BIM 模型的参数化特性，以及施工进度计划与预算信息的关联关系，当工程管理人员在软件中选择不同的施工进度计划项时，BIM 5D 软件可以自动关联快速计算出不同阶段的人工、材料、机械设备和资金等资源需用量计划。在此基础上，工程管理人员通过 BIM 5D 软件提供的模型科学合理安排施工进度，进行施工流水段划分和调整，并组织安排专业队伍连续或交叉作业，流水施工，使工序衔接合理紧密，避免窝工，这样既能提高工程质量，保证施工安全，又能降低工程成本。

（3）实际工程中，基于 BIM 平台的 5D 施工资源动态管理可以应用于施工造价过程管理。5D 模型是在 3D 模型的基础上建立该工程的计价清单，并与进度工序（WBS）节点关联，建立全面的动态预算及成本信息数据。在计划阶段，项目管理者可通过 BIM 5D 软件，在设计模型上增加进度和造价信息，然后进行施工模拟，软件内置优化算法，反复进行资源模拟，最终根据模拟参数设置范围，使得不同施工周期内的人、材、机需求量达到均衡，避免资源发生大起大落。同时，BIM 5D 软件根据优化结果，自动生成资金、材料、劳动力等

资源计划，也可生成指定日期的材料使用周计划，包括每项材料的名称、单价、计划用量、费用等信息。在施工过程中，通过模型中自动生成不同周期内的人、材、机需要量，指导编制资源需用计划。自动统计任意进度工序（WBS）节点在指定时间段内的工程量以及相应的人力、材料、机械预算用量和实际用量，并可进行人力、材料、机械预算用量、实际进度预算用量和实际消耗量的三项数据对比和超预算预警提示，方便地查询分部（分项）工程费、措施项目费及其他项目费等具体明细。

（4）基于 5D 模型实现项目精细化成本管控，包括建筑工程施工资源的动态管理和成本实时监控。BIM 5D 软件提供针对施工进度相关的工程量及资源、成本进行动态查询和统计分析，根据管理需要，自动生成不同阶段、不同流水段、不同分部（分项）的成本数据，有助于管理人员全面把握工程的实施和进展，及时发现和解决施工资源与成本控制出现的矛盾和冲突，最终有效减少工程超预算情况的发生，保障资源提供，提高施工项目管理水平和成本控制能力。例如，BIM 5D 软件通过显示某流水段在同样时间段内的计划进度预算成本、实际进度预算成本和实际消耗成本对比，及其进度偏差和成本偏差分析报表，显示了基于 BIM 5D 软件中的施工过程模拟和管理。

第五节 BIM 与全过程造价管理

BIM 技术对于工程造价管理而言可有效分享信息资源，在项目不同阶段完成信息传递，支持项目决策和部门协同作业，对于建筑工程管理领域而言是划时代革新。BIM 技术以全新三维模型为项目信息载体，变革造价工程管理软件，通过可视化方式实现造价管理的实时与动态调整，可更加高效、准确、快速获得各类造价信息，提升工程造价管理水平，实现对建筑项目的周期化信息管理，提升整体行业效率，具有极高的应用价值。下面我们具体介绍该技术对建筑工程项目造价管理的影响。

一、BIM 技术背景

当前建筑工程造价管理已经进入全过程管控阶段，成本控制与风险控制压力大，传统造价管理已经无法满足需求，从计划造价管理向全过程精细化管理转化已经成为发展必经之路。建筑工程造价管理的全过程管控与海量工程基础数据的调用关系密切，数据应用的及时性与准确性需要不断提升工程基础数据的自动化、信息化与智能化水平，从而在全过程管控中提供支持决策的各类信息基础，节约流程管控时间成本与经济成本，高效监督工程实施情况，实现实时核查对比。以上这些建筑工程造价管控的发展趋势与管理需求都对当前全过程造价管理技术提出了更高标准，在此种背景下，BIM 技术应运而生。

BIM 技术目前已经在全世界工程领域范围内得到了普遍应用，并且随着应用实践不断发展升级，是我国"十二五"计划的重点工程项目。BIM 技术应用关键在于利用计算机技术建立三维模型数据库，在建筑工程管理中实时变化调整，准确调用各类相关数据，以提升决策质量，加快决策进度，从而降低项目管控成本、保障项目质量，达到提升效益的目的。BIM 技术的出现与应用推动着工程软件不断发展，尤其是造价工程管理软件，从二维、静态向着三维、动态的方向发展，促使建筑工程全过程造价管理不断出现新突破，以更高的精准度、更高的效率完成工程量计算工作。BIM 技术在工程管理中的应用经历了从低级到高级的发展层次，在充分发挥自身技术优势的基础上实现了最大价值，以建筑工程领域为例，其发展趋势将逐步由浅到深地实现七个层次目标，从而真正发挥 BIM 技术服务于建筑行业整体的发展。

二、建筑工程造价管理问题分析

建筑工程造价管理关键组成要素主要有工程量、消耗量指标、价格数据。工程量是造价管理核心，计算精确与快慢程度直接影响预算编制质量与效益；价格数据涉及众多种类的建筑材料，价格随着市场、国家政策等实时变化，控制管理工作量大、难度大；消耗量指标受各地定额、区域内生产力水平、企业生产力水平等影响，更新慢、变量多、计算难度大。建筑工程造价管理公式如下：

$$工程造价 = 工程量 \times 价格数据 \times 消耗量指标$$

当前建筑工程造价全过程管理领域主要存在以下几个问题影响管理质量与效果：

（1）造价管理与市场联系不紧密，工程造价管理体制、管理模式局限性制约着管理水平的提高与发展。

（2）工程量计算复杂费时、误差大，影响了工程造价准确性。

（3）造价人员各自为政，信息共享、协同办公程度低，影响造价管理工作质量。

（4）工程造价数据更新不及时，无法对造价的量和价做出及时调整，耗时长，可靠性不佳，进一步限制了工程造价管理。

（5）工程造价管理中多次性计价难以做到，因建筑工程规模大、周期长、涉及数据海量、造价高，分阶段的多次性计价科学性受到影响，虽然造价水平逐步深化、细化过程中可逐渐接近实际，但是管理负担大、成本管理难，超支现象普遍。

建筑工程全过程造价管理中普遍存在的以上五个问题制约着管理质量和效果的提升，因此需要 BIM 技术的介入改变管理现状，更好完成全过程成本管控与风险管控，服务建筑工程管理。

三、BIM 技术在工程造价全过程管理中应用的优越性

相比传统工程造价管理，BIM 技术的应用可谓是对工程造价的一次颠覆性革命，具有很大优势，全面提升了工程造价行业效率与信息化管理水平，优化了管理流程。BIM 技术的应用使得复杂烦琐、耗时耗力的工程量计算在设计阶段即可高效完成，具有精准度高、效率高等特点，工程造价管理核心转变为全过程造价控制，减少烦琐的工程量计算，并对工程造价人员的能力与素质提出了更高的要求，对于建筑工程全面管理而言具有积极意义。下面介绍BIM 技术在建筑工程造价全过程管理中应用的优越性。

1. 提升工程量计算准确性与效率

工程量计算作为造价管理预算编制的基础，比起传统手工计算、二维软件计算，BIM 技术的自动算量功能可提升计算客观性与效率，还可利用三维模型对规则或不规则构件等进行准确计算，也可实时完成三维模型的实体减扣计算，无论是效率、准确率还是客观性上都有保障。BIM 技术的应用改变了工程造价管理中工程量计算的烦琐复杂，节约了人力、物力与

时间等资源，让造价工程师可以更好地投入高价值工作中，做好风险评估与询价工作，编制精度更高的预算。比如某地区度假景观项目，希望将园区内工程房屋改造为度假景区，需对原有房屋设备等进行添置删减、修补更换，利用 BIM 技术建立三维模型，可以更好地完成管线冲突、日照、景观等工程量项目的分析检查与设计。

BIM 技术在造价管理方面的最大优势体现在工程量统计与核查上，三维模型建立后可自动生成具体工程数据，对比二维设计工程量报表与统计情况来看，可发现数据偏差大量减少。造成如此差异的原因在于，二维图样计算中跨越多张图样的工程项目存在多次重复计算可能性，面积计算中立面面积有被忽略可能性，线性长度计算中只顾及投影长度等，以上这些都会影响准确性，BIM 技术的介入应用可有效消除偏差。

2. 加强全过程成本控制

建筑项目管控过程中，合理的实施计划可做到事半功倍，应用 BIM 技术建立三维模型可提供更好、更精确、更完善的基础数据，服务资金计划、人力计划、材料计划与设备设施计划等的编制与使用。BIM 模型可赋予工程量的时间信息，显示不同时间段的工程量与工程造价，有利于各类计划的编制，达到合理安排资源的目的，从而有利于工程管控过程中成本控制计划的编制与实施，有利于合理安排各项工作，高效利用人力、物力资源与经济成本等。

3. 控制设计变更

建筑工程管理中经常会遇到设计变更的情况，设计变更可谓是管控过程中应对压力大、难度大的一项工作。应用 BIM 技术首先可以有效减少设计变更情况的发生，利用三维建模碰撞检查工具降低变更发生率；在设计变更发生时，可将变更内容输入到相关模型中，通过模型的调整获得工程量自动变化情况，避免了重复计算造成的误差等问题。将设计变更后工程量变化引起的造价变化情况直接反馈给设计师，有利于更好地了解工程设计方案的变化和工程造价的变化，全面控制设计变更引起的多方影响，提升建筑项目造价管理水平与成本控制能力，避免浪费与返工等现象。

4. 方便历史数据积累和共享

建筑工程项目完成后，众多历史数据的存储与再应用是一大难点。利用 BIM 技术可做好这些历史数据的积累与共享，在碰到类似工程项目时，可及时调用这些参考数据，通过对工程造价指标、含量指标等借鉴价值较高的信息的应用，有利于今后工程项目的审核与估算，有利于提升企业工程造价全过程管控能力和企业核心竞争力。

5. 有利于项目全过程造价管理

建筑工程全过程造价管理贯穿决策、设计、招标投标、施工、结算五大阶段，每个阶段的管理都为最终项目投资效益服务，利用 BIM 技术可发挥其自身优越性，在工程各个阶段的造价管理中提供更好的服务。决策阶段，可利用 BIM 技术调用以往工程项目数据估算、审查当前工程费用，估算项目总投资金额，利用历史工程模型服务当前项目的估算，提升估算编制准确性。设计阶段，BIM 技术历史模型数据可服务限额设计，限额设计指标提出后可参考类似工程项目测算造价数据，一方面可提升测算深度与准确度，另一方面也可减少计算量，节约人力与物力成本等。项目设计阶段完成后，BIM 技术可快速完成模型概算，并核对其是否满足要求，从而达到控制投资总额、发挥限额设计价值的目标，对于全过程工程造价管理而言具有积极意义。招标投标阶段，工程量清单招标投标模式下，BIM 技术的应用可在短时间内高效、快速、准确地提供招标工程量。尤其是施工单位，在招标投标期限较紧的情况下，面对逐一核实难度较大的工程量清单，可利用 BIM 模型迅速准确完成核实，减少计算误差，避免项目亏损，高质量完成招标投标工作。施工阶段的造价管控，时间长、工作量大、变量多，BIM 技术的碰撞检查可减少设计变更情况，在正式施工前进行图样会审可有效减少设计问题与实际施工问题，减少变更与返工情况。BIM 技术下的三维模型有利于施工阶段资金、人力和物力资源的统筹安排与进度款的审核支付，在施工中迅速按照变更情况及时调整造价，做到按时间、按工序、按区域输出工程造价，实现全过程成本管控的精细化管理。最后，结算阶段，BIM 模型可提供准确的结算数据，提升结算进度与效率，减少经济纠纷。

综上所述，BIM 技术在工程造价管理中的应用可全面提升工程造价行业效率与信息化管理水平，优化管理流程，高效率、高精准度地完成工程量计算工作，有利于加强全过程成本控制，做好设计变更应对，方便历史数据积累和共享，对于建筑项目造价管理工作而言有诸多优越性，应用价值较高，值得大力推广应用。

第二章　BIM 软件介绍

第一节　Revit 软件介绍

Revit 是 Autodesk 公司制作的一套系列软件的名称。Revit 系列软件是为建筑信息模型（BIM）构建的，可帮助建筑设计师设计、建造和维护质量更好、能效更高的建筑。

通过采用 BIM，建筑公司可以在整个流程中使用一致的信息来设计和绘制创新项目，并且还可以通过精确实现建筑外观的可视化来支持更好的沟通，模拟真实性能以便让项目各方了解成本、工期与环境影响。Revit 是我国建筑业 BIM 体系中使用最广泛的软件之一。

一、Revit 软件简介

Revit 平台是一个设计和记录系统，它支持建筑项目所需的设计、图样和明细表。建筑信息模型（BIM）可提供有关项目设计、范围、数量和阶段等信息。

在 Revit 模型中，所有的图样、二维视图和三维视图以及明细表都是同一个基本建筑模型数据库的信息表现形式。在图样视图和明细表视图中操作时，Revit 将收集有关建筑项目的信息，并在项目的其他所有表现形式中协调该信息。Revit 参数化修改引擎可自动协调在任何位置（模型视图、图样、明细表、剖面和平面）进行的修改。

二、Revit 软件基本功能

1. Revit 配置项目

在 Revit 中，项目是单个设计信息数据库—建筑信息模型。项目文件包含了建筑的所有设计信息（从几何图形到构造数据）。这些信息包括用于设计模型的构件、项目视图和设计图样。通过使用单个项目文件，Revit 不仅可以轻松地修改设计，还可以使修改反映在所有关联区域（平面视图、立面视图、剖面视图、明细表等）中。仅需跟踪一个文件就能方便项目管理。

2. Revit 标高

标高是无限水平平面，用作屋顶、楼板和顶棚等以层为主体的图元的参照。标高大多用于定义建筑内的垂直高度或楼层。设计人员可为每个已知楼层或建筑的其他必需参照（如第二层、墙顶或基础底端）创建标高。要放置标高，必须处于剖面或立面视图中。

3. Revit 图元

在创建项目时，可以向设计中添加参数化建筑图元。Revit 按照类别、族和类型对图元进行分类。Revit 图元构成如图 2-1 所示。

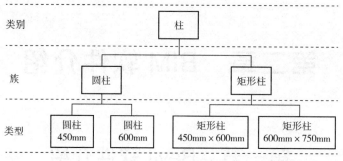

图 2-1　Revit 图元构成

4. Revit 类型

Revit 类型是一组用于对建筑设计进行建模或记录的图元。

5. Revit 族

Revit 族（family）是对整个功能性类型的总称，例如门族、窗族、管道族等，Revit 类型（type）则是属于 Revit 族下，由不同特性和参数而区分开的，例如欧式窗类和中式窗类，都是 Revit 窗族下的不同类型。

族根据参数（属性）集的共用、使用上的相同和图形表示的相似来对图元进行分组。一个族中不同图元的部分或全部属性可能有不同的值，但是属性的设置（其名称与含义）是相同的。Revit 族一般可以分为标准构件族、系统族、内建族三类，具体含义如下：

（1）Revit 标准构件族。在默认情况下，在项目样板中载入标准构件族，但更多标准构件族存储在构件库中。使用族编辑器创建和修改构件，可以复制和修改现有构件族，也可以根据各种族样板创建新的构件族。族样板可以是基于主体的样板，也可以是独立的样板。基于主体的族包括需要主体的构件。例如，以墙族为主体的门族。独立族包括柱、树和家具。族样板有助于创建和操作构件族。标准构件族可以位于项目环境外，且具有 .rfa 扩展名。可以将它们载入项目，从一个项目传递到另一个项目，而且如果需要还可以从项目文件保存到自己的库中。

（2）Revit 系统族。Revit 系统族不能作为单个文件载入或创建。Revit 预定义了系统族的属性设置及图形表示。

系统族是在 Revit 中预定义的族，包含基本建筑构件，例如墙、窗和门。例如，基本墙系统族包含定义内墙、外墙、基础墙、常规墙和隔断墙样式的墙类型。可以复制和修改现有系统族，但不能创建新系统族。可以通过指定新参数定义新的族类型。

（3）Revit 内建族。Revit 内建族用于定义在项目中创建的自定义图元。如果项目需要不想重复使用的特殊几何图形，或需要必须与其他项目几何图形保持一种或多种关系的几何图形，就要创建内建图元。

由于内建图元在项目中的使用受到限制，因此每个内建族都只包含一种类型。设计人员可以在项目中创建多个内建族，并且可以将同一内建图元的多个副本放置在项目中。与系统族和标准构件族不同，不能通过复制内建族类型来创建多种类型。

每一个族都可以拥有多个类型。类型可以是族的特定尺寸，例如"30×42"或 A0 标题栏。类型也可以是样式，例如，尺寸标注的默认对齐样式或默认角度样式。

内建族可以是特定项目中的模型构件，也可以是注释构件。只能在当前项目中创建内建族，因此它们仅可用于该项目特定的对象，例如，自定义墙的处理。创建内建族时，可以选择类别，且使用的类别将决定构件在项目中的外观和显示控制。

6. 实例

实例是放置在项目中的实际项（单个图元），它们在建筑（模型实例）或图样（注释实例）中都有特定的位置。某建筑实例如图 2-2 所示。

图 2-2　某建筑实例

三、Revit 软件基本操作

1. 新建操作

双击软件图标后打开软件，单击"新建项目"即可。默认情况下会使用 Revit 自带的中国样板文件。新建项目界面如图 2-3 所示。

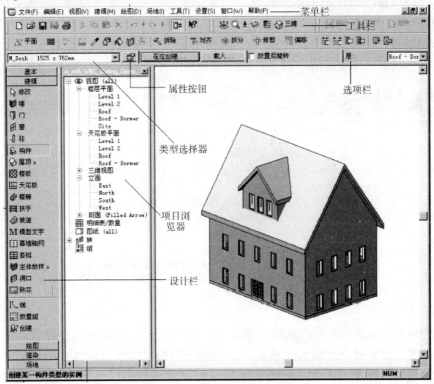

图 2-3　新建项目界面

2. 轴网绘制

（1）轴线的绘制（设计栏中"基本"选项里的"轴网"命令）。

（2）复制、阵列命令（工具栏中）。

轴网绘制命令，如图 2-4 所示。

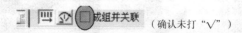

图 2-4　轴网绘制命令

3. 成组阵列

阵列时注意不要成组阵列，如图 2-5 所示。

（确认未打"√"）

图 2-5　成组阵列

4. 轴网画完后要切记锁定（图 2-6）

图 2-6　锁定

5. 轴号的显示控制

单个视图轴号的显示控制：单击设计栏中"基本"选项里的"修改"命令，再单击轴线，单击轴号旁的"√"标记。所有视图轴号的显示控制（选择轴线，再单击图元属性中的编辑新建，修改其类型属性）。轴号显示如图 2-7 所示。

图 2-7　轴号显示

6. 尺寸标注

设计栏"基本"选项里的"尺寸标注"命令逐点标注。尺寸标注如图 2-8 所示。

将鼠标放在命令行上即可显示命令名称

图 2-8　尺寸标注

第二节　BIM 碰撞检查技术

建筑业是消耗地球资源最严重的产业之一，而高达 57% 的浪费使得建筑业在低碳经济时代压力骤增，而 BIM 就是新时代的利器。美国斯坦福大学整合设施工程中心在总结 BIM 技术价值时发现，使用 BIM 技术可以消除 40% 的预算外变更，通过及早发现和解决冲突，可降低 10% 合同价格。而消除变更与返工的主要工具就是 BIM 的碰撞检查。

一、 碰撞检查内容

碰撞检查是指在工程施工前查找出工程项目中不同部分之间的冲突。

碰撞分硬碰撞和软碰撞（间隙碰撞）两种，硬碰撞是指实体与实体之间交叉碰撞，软碰撞是指实体间实际并没有碰撞，但间距和空间无法满足相关施工要求。例如，空间中两根管道并排架设时，因为要考虑到安装、保温等要求，两者之间必须有一定的间距，如果这个间距不够，即使两者未直接碰撞，但其设计是不合理的。

目前 BIM 的碰撞检查应用主要集中在硬碰撞。通常碰撞问题出现最多的是安装工程中各专业设备管线之间的碰撞、管线与建筑结构部分的碰撞以及建筑结构本身的碰撞。

现阶段设计院全部都是分专业设计，机电安装专业甚至还要区分水、电、暖等专业。且大部分设计都是二维平面，要把所有专业汇总在一起考虑，还要赋予高度以变成三维形态，这个对检查人员的素质等要求都很高，遇到大型工程更是难上加难。后来才诞生了利用系统和软件进行碰撞检查的方式。系统直接把二维图样变成三维模型并整合所有专业，如门和梁冲突，通过软件内置的逻辑关系可以自动查找出来，即所谓的碰撞检查。

虚拟管线布置和实际管线安装示例，如图 2-9、图 2-10 所示。

图 2-9　虚拟管线布置

图 2-10　实际管线安装

二、碰撞检查必要性

谁最应该做碰撞检查？很多人第一个联想到的是设计单位，因为图样是设计单位设计的，他们应该保证图样设计的准确性。但事实恰恰相反，做碰撞检查服务的都是开发商和施工单位。原因很简单，设计院出图有错误出现碰撞这是大家都公认的，碰到问题设计院无非是浪费些墨水出个设计变更了事，不需要承担什么责任。

但对开发商而言，出现碰撞问题直接影响到建造成本的增加和进度的延后，损失较为严重。有些开发商把一部分图样问题引起的返工责任转嫁给施工单位，要求施工单位会审图样的时候纠正这些错误，导致施工单位也不得不关注这方面问题。其实无论是开发商要求，还是出于自身要求，为了提高施工质量、缩短工期，施工单位本身也会有碰撞检查的需求，提前避免也好，索赔准备也好，就看施工单位如何来应用。

三、碰撞检查服务内容

基于算量 BIM 模型的碰撞检查服务是指利用土建算量软件和安装算量软件建立算量 BIM 模型，通过碰撞检查系统整合各专业模型并自动查找出模型中的碰撞点，用户只需提供已经完成的算量模型即可获得需要的碰撞检查报告。主要工作分为以下五个阶段：

第一阶段，土建、安装算量模型提交。

第二阶段，模型审核并修改。

第三阶段，系统后台自动碰撞检查并输出结果。

第四阶段，专家人工核对并查找相关图样。

第五阶段，撰写并提供碰撞检查报告。

如果未建立算量模型，用户可以直接提供设计院电子图，由测量专业人员建立算量模型后再进行碰撞检查。这样用户获得的不单单是碰撞检查报告，整个项目的工程量也可以同时获得。

四、碰撞检查的优势

在建设项目实施过程中，经常会出现因为设计各专业间的不协调、设计单位与施工单位的不协调、业主与设计单位的不协调等问题产生设计变更，对造价控制造成不利影响。2010 年，中国商业地产 BIM 应用研究报告通过调查问卷发现，77% 的设计企业遭遇因图样不清或混乱而造成项目或投资损失，其中有 10% 的企业认为该损失可达项目建造投资的 10% 以上，43% 的施工企业遭遇过因招标图样中存在重大错误，改正成本超过 100 万元。通过应用 BIM 建筑信息模型，项目各方都可以在实际实施之前直观地发现问题，及时修改，使设计更改大大减少，专业协调大大改善，有利于进行造价控制。

BIM 在设计变更管理中最大的价值，不是梳理清楚变更的流程，而是最大限度地减少设计变更，从源头减少因变更带来的工期和成本的增加。美国斯坦福大学整合设施工程中心（CIFE）根据对 32 个项目的统计分析总结了使用 BIM 技术后产生的效果，认为它可以消除 40% 预算外的更改。即从源头上减少变更的发生。可视化建筑信息模型更容易在形成施工图前修改完善，设计师直接用三维设计可以更容易发现错误，修改也更容易，三维可视化模型能够准确地再现各专业系统的空间布局、管线走向，专业冲突一览无遗，提高设计深度，实现三维校审，大大减少"错、碰、漏、缺"现象，在设计成果交付前消除设计错误，减少设计变更。

利用 BIM 技术，可以把各专业整合到统一平台，进行三维碰撞检查，可以发现大量设计错误和不合理之处，为项目造价管理提供有效支撑。当然碰撞检查不单单用于施工阶段的图样会审，在项目的方案设计、扩大初步设计和施工图设计中，建设单位与设计公司已经可以利用 BIM 技术进行多次图样会审。通过集成建筑模型、结构模型、机电模型等，在统一的三维环境中，自动检测各构件的碰撞，并进行标识和统计，提高设计质量，通过及早发现和解决冲突，最大限度减少施工过程中的变更，消除预算外变更，减少返工。

通过 BIM 碰撞技术可以在下发施工图样后，在施工前的较短时间内，查出施工图样所有的冲突部分，减少项目管理过程中的变更，从而更好地控制造价、工期、施工质量等项目管理目标。

例如：某项目人防地下室，建筑面积 2 万 m²，通过 BIM 碰撞检查，共查出碰撞点 347 个，为此减少设计变更带来的造价约 200 万元，节约工期 45 天。某公司总部大楼，建筑面积 2.3 万 m²，通过 BIM 碰撞检查，共查出碰撞点 123 个，为此减少设计变更带来的造价约 120 万元，节约工期 30 天。某商业广场项目，建筑面积 20 万 m²，通过 BIM 碰撞检查，共查出碰撞点 285 个，为此减少设计变更带来的造价约 580 万元，节约工期 95 天。某工程碰撞报告实例如图 2-11 所示。

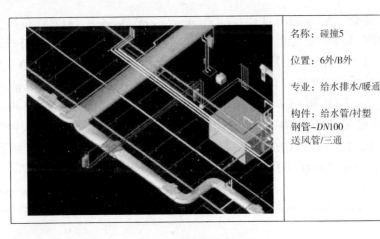

名称：碰撞5

位置：6外/B外

专业：给水排水/暖通

构件：给水管/衬塑钢管-$DN100$
送风管/三通

图 2-11　碰撞报告实例

五、碰撞软件的选择

目前可以使用 Autodesk 的 Revit 建立三维 BIM 模型，然后进入 Navisworks 进行碰撞检查。但 Revit 普遍用于设计阶段，建模效率非常低，而且目前国内以二维设计为主，用 Revit 建模相当于在二维设计的基础上再做一次三维设计，重复建模、耗时耗力，从而导致利用 Navisworks 进行碰撞的成本非常高。

而利用算量软件建立的 BIM 模型是直接利用设计院二维电子图进行快速转化，自动、批量或按条件生成，效率是 Revit 建模的十几倍甚至是几十倍，最重要的是算量软件建立的

BIM 模型不单单用于碰撞检查，还可以用于工程量计算、施工过程成本管控等，模型应用周期长，范围大。

因此，基于算量 BIM 模型的碰撞检查服务成本不到用 Navisworks 做碰撞检查服务的十分之一。客观地说，使用 Navisworks 进行碰撞检查在三维显示效果和准确性上更胜一筹。所以建议大家在做碰撞检查的时候还要根据自身资金情况、时间安排以及需要达到的效果来综合考虑。

第三节　BIM 算量软件

随着我国建筑业的不断发展，建筑企业越来越重视成本的控制，重视造价管理工作。从我国目前工程造价的业务范围来看，工程造价类软件主要针对"量"和"价"两部分业务的设计和应用。而利用 BIM 技术能更高效、精确、协同地实现"量"和"价"的计算、分析和管理。基于 BIM 的工程造价类软件是指以 BIM 技术为基础，基于 BIM 模型和集成的项目各阶段信息，通过统一的数据标准，实现造价全过程的信息管理。

一、BIM 类工程造价软件概述

美国总承包协会（Associated of General Contractors of America，AGC）在其会员的培训资料中，将 BIM 相关软件分成八大类型（A BIM Tools Matrix）：概念设计和可行性研究、BIM 核心建模软件、BIM 分析软件、加工图和预制加工软件、施工管理软件、算量和计价软件、进度计划软件、文件共享和协同软件，并列举了约 60 种 BIM 软件，其中算量和预算软件有 QTO、DProfiler、Innovaya 和 Vico Tzkeoff Manager。而加拿大 BIM 学会（Institute for BIM in Canada，IBC）对欧美国家的 BIM 软件进行统计，共有 79 个相关软件，其中可以在设计阶段使用的软件有 62 个，占总数的八成左右；约 1/3 可以在施工阶段使用，而运营阶段的软件数量不足 9%；其中能用于工程量和造价管理的 BIM 软件包括 Allplan Cost Management、Cost OS BIM、DProfiler、EaglePoing Suite、EcoDesinger、Innovaya Suite、Max—well、On Center Software、Planswift、SAGE Suite、Synchro Suit、Tokoman、Vertigraph 共 13 种，大部分集中在施工阶段。

基于 BIM 的工程造价类软件具有传统软件不可比拟的优势和特点。这主要包括：

（1）从功能角度来讲。基于 BIM 的造价类软件应具有模型建立功能或模型导入功能。这是因为，基于 BIM 的软件应用要根据项目需求、实施目的、应用范围、软件接口等不同的因素来考虑项目的实施方案和应用范围，并不是每一个项目都要实现 BIM 的全部应用，这就需要基于 BIM 的造价类软件具有基本的建模功能或模型导入功能。

例如：某个项目 BIM 实施仅限于施工阶段，不包含设计阶段的应用，施工是无法获取设计 BIM 模型的，因此，这就需要施工阶段的 BIM 造价软件能够单独建模或能够导入设计 BIM 模型。

（2）从模型角度来讲。基于 BIM 的造价类软件是基于三维模型的，这个三维模型不是传统意义上简单的立体模型。它是参数化的，多属性参数可以根据要求定义任意构件复杂的变化；它是可视化的，是一种能够同构件之间形成互动和反馈的可视；它是可关联的，修改模型会导致相关信息自动进行更新，为造价管理提供协调一致的数据信息流程；它是可计算的，结合模型参数和计算规则提供自动化计算功能；它是可交互的，需提供标准化接口，实现上下游模型的互用和共享。

（3）从应用角度来讲。基于 BIM 的造价类软件分别提供了造价管理不同业务、不同角色和不同阶段的应用。造价管理的业务涉及估算、概算、施工图预算、招标控制价、投标报价、变更、计量支付、结算等不同的业务，在这个过程中，没有一种软件可以涵盖全部内容。因此，目前基于 BIM 的造价软件解决的都是某一个具体的业务，同时，各软件之间通过标准化的数据或接口进行关联。

二、国外优秀的 BIM 造价软件介绍

1. Beck Technology 公司的 DProfiler

Beck Technology 公司开发的 DProfiler 是在概念设计阶段提供成本测算服务的 BIM 造价软件，它使用了来自 RSMeans 公司的一个面向对象的三维 CAD 和费用数据库的组合，使用户能根据早期的图样得到可靠的项目费用结果，并进行决策。早期，DProfiler 只是 Beck Technology 为 Beck 集团开发的内部使用的软件，2006 年才开始发布对外的商业版本。

2. Autodeck 公司的 QTO

Quanitity Takeoff（QTO）是 Autodeck 的算量工具。QTO 能整合来自于多方的必要信息，包括建筑信息模型（BIM）工具，比如 Revit Architecture、Revit Structure 和 Revit MEP 软件，以及其他工具软件的几何图形、图像和数据等，以创建同步、全面的项目视角。通过自动或者手动测量面积和计算建筑构件，最终可以导出到 Excel 中，或者发布为 DWF 格式。

3. Trimble 公司的 Vico

2012 年 11 月 2 日，Trimble 公司宣布收购 Vico 软件公司。Vico 是基于 5D 的 BIM 软件，主要应用于施工阶段，能利用多种 BIM 模型，并进行成本与进度计划与管理。

Vico Ofiices Suite 包括了用于可见性模拟的 Vico Constructability Manager；用于施工布局的 Vico Layout Manager；用于算量的 Vico Takeoff Manager；用于进度和生产管理的 Vico LBS Manager、Vico Schedule Planner、Vico Production Controller、Vico 4D Manager；用于 5D 成本管理的 Vico Cost Planner 和 Vico Cost Explorer。

4. RIB 公司的 iTWO

RIB 建筑软件有限公司于 1961 年成立于德国"硅谷"斯图加特，是德国乃至全球最大、也是最早的建筑软件企业。RIB iTWO 是一款 5D BIM 软件，将传统施工规划与建筑信息模型结合，是项目规划、造价、成本管理和项目控管的重要工具。它弥补了传统建筑流程管理的不足，利用 BIM 模型交互式处理实现了项目从规划到施工全流程整合与同步管理，逐步增强和优化业务流程。iTWO 在欧洲、新加坡有较好的市场表现，进入我国市场已有一段时间，但国内本地化工作较多，尚未有太多的实际案例。

5. Innovaya 公司的 Visual Esimating

Visual Esimating 是 Innovaya 公司推出的用于工程造价管理的软件，与 Innovaya 的 Visual Simulation 配合，即可实现 5D 成本管理的功能。Visual Simulation 是最早的基于进度的 BIM 软件之一，项目进度计划可以通过 3D 构件在进度计划安排下的施工过程中体现出来，同时

在 Visual Esimating 的配合下，可以实现造价成本与形象进度的同步变化。

三、国内优秀的 BIM 造价软件介绍

国内基于 BIM 的算量软件已比较成熟，全国范围内已有数十万用户，软件技术已达到国际先进水平，国内主流的算量软件厂商有广联达、鲁班、神机妙算、斯维尔、PKPM 等。

从厂商的角度，基于 BIM 的造价软件应用，主要源于本土化软件的实践。本土软件厂商已逐步实现由传统造价软件向 BIM 产品体系的转型，产品与服务已经在众多的实际项目中得到实施。

1. 广联达软件

广联达造价软件是 BIM 系列产品中的一部分，与项目管理系统（PM）和数据管理与服务产品（DM）集成，形成面向项目全过程的 BIM 造价解决方案。

广联达造价系列软件包括了土建、钢筋、安装、精装等多个专业，包括基于 BIM 的工程量计算及组价两大核心业务，支持全国各省市清单、定额计算规则。算量系列软件基于广联达自主知识产权三维图形平台研发，支持参数法、拉伸建模、旋转造型建模等多种三维建模方式；广联达算量包含成熟的 CAD 识别建模技术，充分利用 CAD 图中的构件位置、名称等信息高效、准确地完成三维建模。

广联达 BIM 产品支持国际标准 IFC、广联达 GFC 等 BIM 标准，土建、钢筋、安装、精装等各专业算量模型可以互联互通，还能实现与碰撞检查、BIM 5D、钢筋放样、变更算量等不同产品的数据接口；随着 BIM 的普及，广联达逐步推广 Revit、ArchiCAD 等三维设计产品到广联达算量的模型接口，在部分实际工程中得到了应用。

2. 鲁班软件

鲁班软件是国内 BIM 软件厂商和解决方案提供商，提供了从个人岗位级，到项目级和企业级应用，形成基于 BIM 技术的软件系统和解决方案，并且实现与上下游软件的数据共享。

鲁班 BIM 通过创建 7D BIM，即 3D 实体、1D 时间、1D BBS（投标工序）、1D EBS（企业定额工序）、1D WBS（进度工序），以实现建造阶段项目全过程管理的精细化管理水平，提高利润、质量和进度，为企业创造价值，打造核心竞争力。

3. 神机妙算软件

神机妙算软件采用的是具有自主知识产权的四维图形算量平台，同时软件也采用三维显示技术，查看和检查各构件相互间的三维空间关系，目前已形成土建、钢筋算量及标书制作、合同管理、网络计划等多种软件，具有集成化的预算造价能力。

4. 斯维尔软件

斯维尔提供建设行业全生命周期的 BIM 软件与解决方案，涵盖工程设计（包括建筑设计、MEP、节能设计、暖通负荷计算、日照分析、采光分析、通风模拟等），工程造价（三维算量、安装算量、清单计价），工程管理（项目管理、标书编制、平面图布置），电子政务等领域，所开发产品之间数据基于三维参数化 BIM 技术，工作成果可以互联互通。其中斯维尔三维算量、安装算量软件为第四代 BIM 算量软件，可以承接上游 BIM 设计软件成果，在一个集成 BIM 模型里完成建筑、结构、钢筋工程量计算以及水、暖、电设备安装工程量计算，这种基于 BIM 技术的算量技术可以非常方便地处理工程变更时工程量快速计算的问

题。斯维尔"统一 BIM 建模软件"（uniBIM）可解决国内外主要专业软件 BIM 模型建立和共享的问题，可将建筑、结构、幕墙、钢结构、给水排水、暖通空调、消防、电气、机电设备等专业图样，分别建立起三维参数化 BIM 模型，形成各专业模型集成的 BIM 模型。

四、BIM 算量软件简介

工程量计算是编制工程预算的基础，与传统方法的手工计算相比，基于 BIM 的算量功能可以使工程量计算工作摆脱人为因素的影响，得到更加客观的数据。招标和投标各方都可以利用 BIM 模型进行工程量自动计算、统计分析，形成准确的工程量清单。有利于招标方控制造价和投标方报价的编制，提高招标投标工作的效率和准确性，并为后续的工程造价管理和控制提供基础数据。

1. 使用 BIM 模型代替二维图样进行工程量计算的优势和特点

（1）算量更加高效。建筑工程造价管理中，工程量的计算是工程造价中最烦琐、最复杂的部分。基于 BIM 工程算量将造价工程师从烦琐机械的劳动中解放出来，可以利用建立的三维模型进行实体扣减计算，对于规则或者不规则的构件都可以同样准确计算。软件可以便捷地统计各个不同专业的工程量，减轻造价人员的工作强度，节省更多的时间和精力用于更有价值的工作，如询价、评估风险等，并可以利用节约的时间编制更精确的预算。

（2）计算更加准确。工程量计算是编制工程预算的基础，但计算过程非常烦琐，造价工程师容易因人为原因，而导致非常多的计算错误。例如：通过二维图样进行面积计算往往容易忽略立面面积，跨越多张二维图样的项目可能被重复计算，线性长度在二维图样中通常只计算投影长度等。这些人为偏差直接影响着项目造价的准确性。通过基于 BIM 技术进行算量可以使工程量计算工作摆脱人为因素影响，得到更加客观的数据。

（3）更好地应对设计变更。设计变更在现实中频繁发生，传统的方法又无法很好地应对。首先，可以利用 BIM 技术的模型碰撞检查工具尽可能地减少变更的发生。同时，当变更发生时，利用 BIM 模型可以把设计变更内容关联到模型中，只要把模型稍加调整，相关的工程量变化就会自动反映出来，不需要重复计算。甚至可以把设计变更引起的造价变化直接反馈给设计师，使他们清楚地了解设计方案的变化对工程造价产生了哪些影响。通过对 BIM 模型的变更调整，更加直观地计算变更工程量。对造价的管理控制提供有力支撑。

（4）更好地积累数据。在传统管理模式下，工程项目结束后，所有数据要么堆积在仓库，要么不知去向，今后碰到类似项目，如要参考这些数据就很难找到。而且以往工程的造价指标、含量指标，对今后项目工程的估算和审核具有非常大的借鉴价值，这些数据是造价咨询单位的核心竞争力。利用 BIM 模型可以对相关指标进行详细、准确的分析和抽取，并且形成电子资料，方便保存和共享。

2. 基于 BIM 算量的步骤

在经过了设计阶段的限额设计与碰撞检查等优化设计手段后，设计方案进一步完善。造价工程师可以根据施工图进行施工图预算编制。而工程量的计算是重要的环节之一，可以按照不同专业进行工程量的计算，此时需要利用基于 BIM 的算量软件进行工程量计算，其主要步骤如下：

（1）算量模型建立。首先需要建立建筑、结构和安装等不同专业算量模型，模型可以如上文所述从设计软件导入，也可以重新建立。模型首先以参数化的构件为基础，包含了构件的物理、空间、几何等信息，这些信息形成工程量计算的基础。

（2）设置参数。输入工程的一些主要参数，如混凝土构件的混凝土强度等级、室外地坪高度等。前者是作为混凝土构件自动套取做法的条件之一，后者是计算挖土方的条件之一。

（3）在算量模型中针对构件类别套用工程做法。如混凝土、模板、砌体、基础都可以自动套取做法（定额）。再补充输入不能自动套取做法的部分，如装饰做法、门窗定额等。

自动套取是依据构件定义、布置信息及相关设置自动找到相应的定额或者清单做法，并且软件可以根据定义及布置信息自动计算出相关的附加工程量（模板超高、弧形构件系数增加等）。

每个地区的定额库中均设置了自动套用定额表，自动套用定额表记录着每条定额子目和它可能对应的构件属性、材料、量纲、需求等关系，其中量纲指体积、面积、长度、数量等，需求指子目适应的计算范围、增减量等。软件通过判断三维建筑模型上的构件属性、材料、几何特征，依据自动套用定额表完成构件和定额子目的衔接。按清单统计时需套取清单项以及对应消耗量子目的实体工程量。

（4）通过基于 BIM 的工程量计算软件自动计算并汇总工程量，输出工程量清单。计算工程量的依据是模型中各构件的截面信息、布置信息、输入的做法、计算规则等。

3. 基于 BIM 的进度计量和支付

我国现行工程进度款结算有多种方式，如按月结算、竣工结算、分段结算等。施工企业根据实际完成工程量，向业主提供已完成工程量报表和工程价款结算账单，经由业主造价顾问和监理工程师确认、收取。

五、BIM 算量基本原理

建筑构造形式千差万别，难以用归纳法对每个具体项目进行验证。本书采用归类方法进行实例验证，即对造价划分的某一类项目做典型实例计算测试，据此推论此类项目的计算效果。在选择测试项目之前，需要先行建立 BIM 分类和造价分类的对应关系，这是因为，BIM 的构件划分思路与国内现行施工图设计阶段的工程造价划分并不一致，前者是按建筑构造功能性单元划分，后者则以建筑施工工种或工作来划分，两种分类体系并非简单的一一对应关系，如图 2-12 所示。

1. 土石方工程

利用 BIM 模型可以直接进行土石方工程算量。对于平整场地的工程量，可以根据模型中建筑物首层面积计算。挖土方量和回填土量按结构基础的体积、所占面积以及所处的层高进行工程算量。造价人员在表单属性中设定计算公式可提取所需工程量信息，例如：利用 BIM 模型计算某一建筑物中条形基础的挖基槽土方量，已知挖土深度为 1.15m，按照国内工程计量规范中的计算方法，在 BIM 模型的表单属性中设置项目参数和计算公式，使用表单直接统计出建筑物挖基槽土方总量。

2. 基础工程

BIM 自带表单功能可以自动统计出基础的工程量，也可以通过属性窗口获取任意位置的基础工程量。大多数类型的基础都可按特定的基础族模板建模，若某些特殊基础没有特定的建模方式，可利用软件的基本工具（如梁、板、柱等）变通建模，但需改变这些构件的类别属性，以便与其原建筑类型的元素相区分，利于工程量的数据统计。

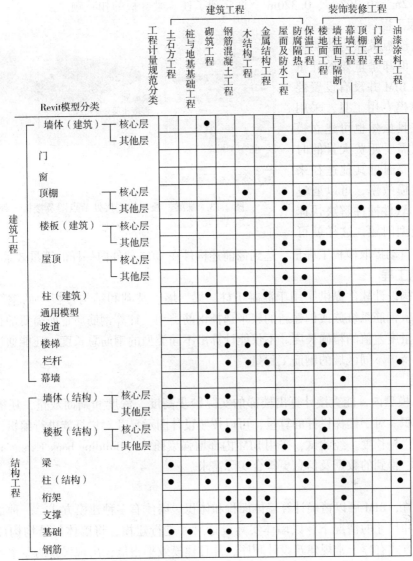

注：1. ● 代表两个分类之间的对应关系。

2. 工程中的台阶、勒脚、散水、地沟、明沟、踢脚线等均归入 Revit 中的通用模型。

图 2-12　清单计价与 Revit 软件构件和项目分类对应关系

3. 混凝土工程

BIM 软件能够精确计算混凝土梁、板、柱和墙的工程量且与国内工程计量规范基本一致。对单个混凝土构件，BIM 能直接根据表单得出相应工程量。但对混凝土板和墙进行算量时，其预留孔洞所占体积均被扣除。当梁、板、柱发生交接时，国内计量规范规定三者的扣减优先顺序为柱＞梁＞板（"＞"表示优先于），即交接处工程量部分，优先计算柱工程量，其次为梁，最后为板工程量。使用 BIM 软件内修改工具中的连接（Join）命令，根据构件类型修正构件位置并通过连接优先顺序扣减实体交接处重复工程量，优先保留主构件的工程量，将次构件的统计参数修正为扣减后的精确数据，避免了构件工程量统计的虚增或减少。图 2-13 为一梁、板、柱连接处的节点图，使用连接命令设置后自动生成的梁、板、柱体积分别为 0.192m³、0.307m³、0.320m³，即实现了柱 > 梁 > 板的扣减顺序。

4. 模板工程

混凝土模板虽然为非实体工程项目，但却是重要的计量项目。现行 BIM 并没有设置混凝土模板建模专用工具，采用一般建模工具虽然也可建立模板模型，但需要耗费大量的时间，因此需要通过其他途径来提高模板建模效率。可以通过专门的 BIM 软件插件解决快速建立模板模型问题，这样就可以在软件内自动提取模板工程量，达到像前述构件在 BIM 软件内一样的算量效果。

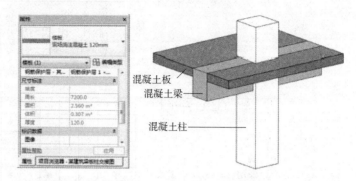

图 2-13　某梁、板、柱连接处节点图及楼板工程量

5. 钢筋工程

BIM 结构设计软件提供了用于混凝土柱、梁、墙、基础和结构楼板中的钢筋建模的工具，可以调入钢筋系统族或创建新的族来选择钢筋类型。计算钢筋质量所需要的长度都是按照考虑钢筋量度差值的精确长度。不仅能计算出不同类型的钢筋总长度，还能通过设置分区（Partition）得出不同区域的钢筋工程量。

6. 楼梯

在 BIM 模型内，能直接计算出楼梯的实际踏步高度、深度和踏面数量，还能得出混凝土楼梯的体积。对于楼梯栏杆的算量，可以按照设计图示尺寸对栏杆族进行编辑，进而通过表单统计出栏杆长度。经测试，采用 BIM 内部增强型插件（Building book Extension）来提取楼梯工程量，得到的数据及信息更符合实际需求。

7. 墙体

通过设置，BIM 可以精确计算墙体面积和体积。墙体有多种建模方式。一种是在已知结构构件位置和尺寸的情况下，以墙体实际设计尺寸进行建模，将墙体与结构构件边界线对齐，但这种方式有悖于常规建筑设计顺序，并且建模效率很低，出现误差的概率较大。另一种方式是直接将墙体设置到楼层建筑或结构标高处，如同结构构件"嵌入"到墙体内，这样可大幅度提升建模速度。

对于嵌入墙体的过梁，可通过共享嵌入族（Nested Family）的形式将其绑定在门、窗族上方，再将门、窗族载入项目，并放置在相应墙体内，此时的墙体工程量就会自动扣除过梁体积，且过梁的体积也能单独计算出来。此外，若墙体在施工过程中发生改变，还可利用阶段（Phase）参数，得出工程变更后的墙体工程量，为施工阶段造价管理带来方便。

8. 门窗工程

从 BIM 模型中可以提取门窗工程量和其他门窗构件的附带信息，包括各种型号的门窗数量、规格尺寸、板（框）材面积、门窗所在墙体的厚度、楼层位置以及其他造价管理和估价所需信息（如供应商等）。此外还可以自动统计出门窗五金配件的数量等详细信息。以门执手为例，在 BIM 模型中分别建立门和门执手两个族文件，将门执手以共享嵌入族的方式加载到门族中，门执手即可以单独调取的族形式出现，利用软件自带的表单统计功能，就可得到门执手的相应数量及信息。

9. 幕墙

无论是对普通的平面幕墙还是曲面幕墙的工程量计算，BIM 都达到了精确的程度，并且还能自动统计出幕墙嵌板和框材的数量。在 BIM 建模时，可以通过预置的幕墙系统族或通过自适应族与概念体量结合，创建出任意形状的幕墙。在概念体量建模环境下，创建幕墙结构的整体形状，可根据幕墙的单元类型使用自适应族创建不同单元板块族文件，每个单元板块都能通过其内置的参数自动驱动尺寸变化，软件能自动计算出单元板块的变化数值并调整其形状及大小。也可将体量与幕墙系统族结合，创建幕墙嵌板和框材。模型建立后，再利用表单统计功能自动计算出其相应工程量。

10. 装饰工程

同样，BIM 模型也能自动计算出装饰部分的工程量。BIM 有多种饰面构造和材料设置方法，可通过涂刷方式或在楼板和墙体等系统族的核心层上直接添加饰面构造层，还可以单独建立饰面构造层。前两种方法计算的工程量不够准确，如在楼板核心层上设置构造层，构造层的面积与结构楼板面积相同，显然没有扣除楼板上墙体所占的面积。

为使装饰工程量计算接近实际施工，可用基于面的模板族单独建立饰面层，这种建模方法可以解决模型自身不能为梁、柱覆盖面层的问题，同时通过材料表单提取准确的工程量。对室内装饰工程量来说，将表单关键词与房间布置插件配合使用，可以迅速准确计算出装饰工程量。其计算结果可导入到 Excel 中，便于造价人员使用。

六、BIM 工程算量优势

与传统算量方法相比，BIM 型软件在工程算量方面具有显著优势。BIM 通过建立 3D 关联数据库，可以准确、快速计算并提取工程量，提高工程算量的精度和效率。BIM 遵循面向对象的参数化建模方法，利用模型的参数化特点，在表单域设置所需条件对构件的工程信息进行筛选，并利用软件自带表单统计功能完成相关构件的工程量统计。而且，BIM 模型能实现即时算量，即设计完成或修改，算量随之完成或修改。

随着工程推进和项目参与者信息量的增加，最初的要求会发生调整和改变，工程变更必然发生，BIM 模型算量的即时性大幅度减少变更算量的响应时间，提高工程算量效率。

综合对比分析，利用施工图设计阶段 BIM 模型进行工程算量的优势主要体现在：

（1）计算能力强。BIM 模型提供了建筑物的实际存在信息，能够对复杂项目的设计进行优化，可以快速提取任意几何形体的相应数据。

（2）计算质量好。可实现构件的精确算量，并能统计构件子项的相关数据，有助于准确估算工程造价。

（3）计算效率高。设计者对 BIM 模型深化设计，造价人员直接进行算量，可实现设计与算量的同步，并且能自动更新并统计变更部分的工程量。

（4）BIM 附带几何对象的属性能力强。如通过设置阶段或分区等属性进行施工图设计进度管理，可确定不同时段或区域的已完工程量，有利于工程造价管理。

第三章 钢筋工程基础知识

第一节 建筑用钢材

钢材是建筑工程中的重要材料。钢材具有品质稳定、强度高、塑性和韧性好、可焊接和铆接、能承受冲击和振动荷载等优异性能，是土木工程中使用量最大的材料品种之一。土木工程中常用的钢材可分为钢结构用钢和钢筋混凝土结构用钢两类，常用钢种有普通碳素结构钢、优质碳素结构钢和低合金高强结构钢。

普通碳素结构钢在各类钢中产量最大，用途最为广泛，多制成型材、异形型钢和钢板等，可供焊接、铆接和螺栓连接。低合金高强结构钢主要用于轧制各种型钢（角钢、槽钢、工字钢等）、钢板、钢管及钢筋，广泛用于钢结构和钢筋混凝土结构中，尤其是大跨度、承受动荷载和冲击荷载的结构中更为适用。

一、钢筋的分类

钢筋按外形分为光圆钢筋和带肋钢筋两种。

建筑用钢筋按生产工艺分为热轧钢筋、冷拉钢筋、冷拔钢筋、热处理钢筋、钢绞线。

（1）热轧钢筋。经热轧成型并自然冷却的成品钢筋，由低碳钢和普通低合金钢在高温状态下压制而成，主要用于钢筋混凝土和预应力混凝土结构的配筋，是土木建筑工程中使用量最大的钢材品种之一。

Ⅰ级钢筋：HPB300（热轧光圆钢筋，抗拉屈服强度是 $300N/mm^2$），用"ϕ"表示，材料为 Q300。Ⅱ级钢筋：HRB335（热轧带肋钢筋，抗拉屈服强度是 $335N/mm^2$），用"Φ"表示，材料为 20MnSi（20 锰硅）。Ⅲ级钢筋：HRB400（热轧带肋钢筋，抗拉屈服强度是 $400N/mm^2$），用"Φ"表示，材料为 20MnSiV 或 20MnSiNb 或 20MnTi。

（2）冷拉钢筋。将热轧钢筋经过冷加工，提高了钢筋的屈服强度，节约了钢材，也满足预应力钢筋混凝土结构的需要。

（3）冷拔钢筋。将钢筋用强力拔过比它本身直径还小的硬质合金拔丝模，这是钢筋同时受到纵向拉力和横向压力的作用，截面变小，长度变长，钢丝的强度大大提高，但塑性降低很多。

（4）热处理钢筋。热处理钢筋是钢厂将热轧的带肋钢筋（中碳低合金钢）经淬火和高温回火调质处理而成的，即以热处理状态交货，成盘供应。

（5）钢绞线。钢绞线是将若干根碳素钢丝经绞捻及消除内应力的热处理后制成。

二、钢筋的性能

1. 屈服强度

屈服强度又称为屈服点，是金属材料发生屈服现象时的屈服极限，亦即抵抗微量塑性变形的应力。对于无明显屈服的金属材料，规定以产生 0.2% 残余变形的应力值为其屈服极限，称为条件屈服极限或屈服强度。在钢筋混凝土结构设计中所用的钢筋标准强度就是以钢筋屈服点为取值依据的。

2. 抗拉强度

抗拉强度指钢筋抵抗拉力破坏作用的最大能力。是金属由均匀塑性变形向局部集中塑性变形过渡的临界值，也是金属在静拉伸条件下的最大承载能力，表征材料最大均匀塑性变形的抗力，拉伸试样在承受最大拉应力之前，变形是均匀一致的，但超出之后，金属开始出现"缩颈"现象，即产生集中变形；对于没有（或很小）均匀塑性变形的脆性材料，它反映了材料的断裂抗力。

3. 伸长率

伸长率也称延伸率，是指钢筋受拉力作用至断裂时被拉长的那部分长度与原长度的百分比。它是一个衡量钢筋塑性的指标，它的数值越大，表示钢筋的塑性越好。

三、钢筋的加工

1. 钢筋除锈

钢筋的表面应洁净；油渍、漆污和用锤敲击时能剥落的浮皮、铁锈等应在使用前清除干净；在焊接前，焊点处的水锈应清除干净。

钢筋的除锈，一般可通过以下两个途径：一是在钢筋冷拉或调直过程中除锈，对大量钢筋的除锈较为经济省力；二是用机械方法除锈，如采用电动除锈机除锈，对钢筋的局部除锈较为方便。此外，还可采用手工除锈（用钢丝刷、砂盘）、喷砂和酸洗除锈等。

在除锈过程中发现钢筋表面的氧化铁皮鳞落现象严重并已损伤钢筋截面，或在除锈后钢筋表面有严重的麻坑、斑点伤蚀截面时，应降级使用或剔除不用。

2. 钢筋调直

钢筋调直就是利用钢筋调直机通过拉力将弯曲的钢筋拉直，以便于加工的过程。常用的钢筋调直机械有钢筋调直机、数控钢筋调直切断机、卷扬机拉直设备等。

采用冷拉方法调直钢筋时，HPB300 级钢筋的冷拉率不宜大于 4%，HRB335 级、HRB400 级及 RRB400 级冷拉率不宜大于 1%。

3. 钢筋切断

常用的机械设备有钢筋切断机、手动液压切断器等。将同规格钢筋根据不同长度长短搭配，统筹排料；一般应先断长料，后断短料，减少短头，减少损耗。断料时应避免用短尺量长料，防止在量料中产生累计误差。为此，宜在工作台上标出尺寸刻度线并设置控制断料尺寸用的挡板。

4. 钢筋弯曲成型

钢筋弯曲前，对形状复杂的钢筋（如弯起钢筋），根据钢筋料牌上标明的尺寸，用石笔将各弯曲点位置画出。钢筋在弯曲机上成型时，心轴直径应是钢筋直径的 2.5～5.0 倍，成型轴宜加偏心轴套，以便适应不同直径的钢筋弯曲需要。

弯制曲线形钢筋时，可在原有钢筋弯曲机的工作盘中央，放置一个十字架和钢套；另外在工作盘四个孔内插上短轴和成型钢套（和中央钢套相切）。插座板上的挡轴钢套尺寸可根据钢筋曲线形状选用。螺旋形钢筋，除小直径的螺旋筋已有专门机械生产外，一般可用手摇滚筒成型。

第二节　钢筋构件介绍

一般钢筋混凝土工程中，结构构件由基础、柱、剪力墙、梁、板、楼梯等组成，每一种构件中钢筋的制作、安装又不尽相同。钢筋在不同构件中的形状不同，其分类名称是不一样的。本节主要根据 16G101 图集，介绍不同钢筋在不同结构中的名称及作用。

构件中常见的钢筋可分为主钢筋（纵向受力钢筋）、弯起钢筋（斜钢筋）、架立钢筋、分布钢筋、腰筋、拉筋和箍筋等几种类型，如图 3-1 所示。

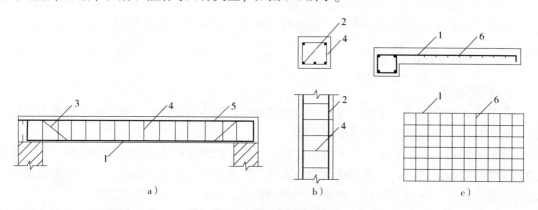

图 3-1　钢筋在构件中的种类

a）梁　b）柱　c）悬臂板

1—受拉钢筋　2—受压钢筋　3—弯起钢筋　4—箍筋　5—架立钢筋　6—分布钢筋

各种钢筋在构件中的作用如下：

1. 主钢筋

主钢筋又称纵向受力钢筋，可分受拉钢筋和受压钢筋两类。

受拉钢筋配置在受弯构件的受拉区和受拉构件中承受拉力；受压钢筋配置在受弯构件的受压区和受压构件中与混凝土共同承受压力。

一般在受弯构件受压区配置主钢筋是不经济的，只有在受压区混凝土不足以承受压力时，才在受压区配置受压主钢筋以补强。受拉钢筋在构件中的位置如图 3-2 所示。

受压钢筋是通过计算用以承受压力的钢筋，一般配置在受压构件中，例如各种柱子、桩或屋架的受压腹杆内，还有受弯构件的受压区内也需配置受压钢筋。虽然混凝土的抗压强度较大，然而钢筋的抗压强度远大于混凝土的抗压强度，在构件的受压区配置受压钢筋，帮助混凝土承受压力，就可以减小受压构件或受压区的截面尺寸。受压钢筋在构件中的位置如图 3-3 所示。

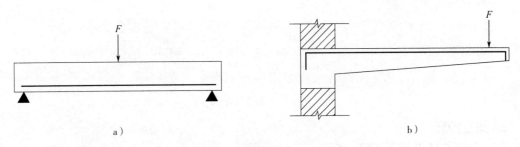

图 3-2　受拉钢筋在构件中的位置
a）简支梁　b）雨篷

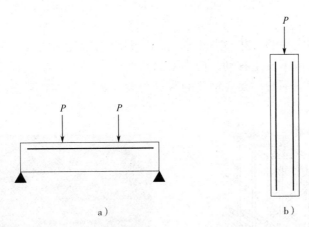

图 3-3　受压钢筋在构件中的位置
a）梁　b）柱

负弯矩筋（如悬挑板）相反，在其上部的钢筋为受力筋，下部钢筋为分布筋。

2. 弯起钢筋

弯起钢筋是受拉钢筋的一种变化形式。在简支梁中，为抵抗支座附近由于受弯和受剪而产生的斜向拉力，就将受拉钢筋的两端弯起来，承受这部分斜拉力，称为弯起钢筋。

但在连续梁和连续板中，经实验证明受拉区是变化的。跨中受拉区在连续梁、板的下部，到接近支座的部位时，受拉区主要移到梁、板的上部。为了适应这种受力情况，受拉钢筋到一定位置就须弯起。

弯起钢筋在构件中的位置如图 3-4 所示。弯起钢筋一般由主钢筋弯起，当主钢筋长度不够弯起时，也可采用吊筋如图 3-5 所示，但不得采用浮筋。

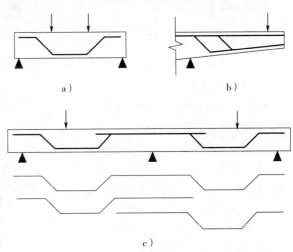

图 3-4　弯起钢筋在构件中的位置
a）简支梁　b）悬臂梁　c）连续梁

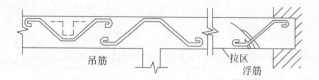

图 3-5 吊筋布置图

3. 架立钢筋

架立钢筋是梁上部的钢筋，只起一个结构作用，没实质意义，但在梁的两端则上部的架立筋抵抗负弯矩，不能缺少。架立钢筋设置在梁的受压区外边缘两侧，用来固定箍筋和形成钢筋骨架。如受压区配有纵向受压钢筋时，则可不再配置架立钢筋。架立钢筋的直径与梁的跨度有关。

架立钢筋能够固定箍筋，并与主筋等一起连成钢筋骨架，保证受力钢筋的设计位置，使其在浇筑混凝土过程中不发生移动。但当梁的高度小于 150mm 时，可不设箍筋，在这种情况下，梁内也不设架立钢筋。架立钢筋的直径一般为 8～12mm。架立钢筋在钢筋骨架中的位置，如图 3-6 所示。

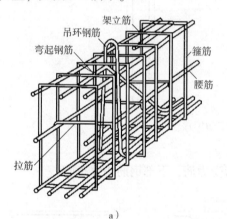

a）

b）

图 3-6 架立筋、腰筋等在钢筋骨架中的位置

4. 腰筋与拉筋

腰筋又称"腹筋"，腰筋按构造形式和受力状态不同，根据 16G101 图集又可分为构造腰筋（G）和抗扭腰筋（N）。

腰筋的名称是因为它的位置一般位于梁两侧中间部位而得来的，是梁中部构造或抗扭钢筋，主要是因为有的梁太高，抵抗因混凝土收缩和温度变化导致梁变形而产生的竖向裂缝，同时也可加强钢筋骨架的刚度。

腰筋用拉筋连系，即在箍筋中部加条连接筋，称为拉结筋，简称拉筋，如图 3-7 所示。

当梁高超过 450mm，就应沿梁高两侧架设腰筋，所以数量上就不会少于 2 根。腰筋的最小直径为 10mm，间距不应大于 200mm，同时面积配筋率不应小于 0.3%，在梁两侧的纵向构造或抗扭钢筋（腰筋）之间还要配置拉结钢筋。一般

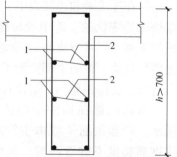

图 3-7 腰筋与拉筋布置
1—腰筋 2—拉筋

民用建筑的腰筋直径用 16mm 和 18mm 就可以了，拉筋用直径 8mm 一级圆钢。腰筋三维形式如图 3-8 所示，拉结筋三维形式如图 3-9 所示。

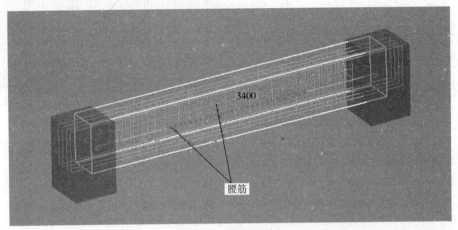

图 3-8　某梁腰筋

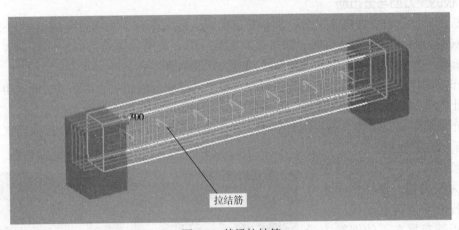

图 3-9　某梁拉结筋

5. 箍筋

箍筋是用来满足斜截面抗剪强度，并连接受拉主钢筋和受压区混凝土使其共同工作，此外，还用来固定主钢筋的位置而使梁内各种钢筋构成钢筋骨架。是梁和柱抵抗剪力配置的环形（当然有圆形的和矩形的）钢筋，将上部和下部的钢筋固定起来，同时抵抗剪力。箍筋分类如图 3-10 所示。

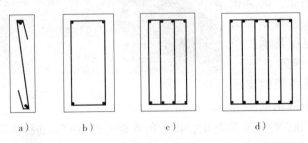

图 3-10　箍筋分类
a) 单肢箍　b) 双肢箍　c) 四肢箍　d) 六肢箍

箍筋的构造形式，如图 3-11 所示。

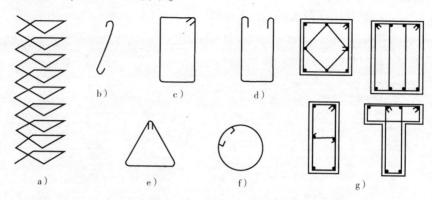

图 3-11　箍筋的构造形式
a) 螺旋形箍筋　b) 单肢箍　c) 闭口双肢箍
d) 开口双肢箍　e) 闭口三角箍　f) 闭口圆形箍　g) 各种组合箍筋

6. 板的受力筋与分布筋

以板的开间、进深跨度来区分，如果是单向板，那么平行于短跨方向的钢筋是受力筋，平行于长跨方向的钢筋是分布筋。如果是双向板，那么长跨、短跨方向的钢筋全部是受力筋。分布筋一般布置在受力钢筋的上部，与受力钢筋垂直。

分布筋的作用是固定受力钢筋的位置并将板上的荷载分散到受力钢筋上，同时也能防止因混凝土的收缩和温度变化等原因，在垂直于受力钢筋方向产生的裂缝。

分布筋属于构造钢筋（满足构造要求，对不易计算和没有考虑进去的各种因素，所设置的钢筋为构造钢筋）。

一般情况下，板的钢筋中直径大的为受力筋，直径小的为分布筋；若以受力情况来区分，一般正弯矩筋布置在下的钢筋为受力筋，在之上垂直分布的钢筋为分布筋。分布筋施工如图 3-12 所示。

图 3-12　分布筋施工

7. 负筋

负筋就是负弯矩钢筋，弯矩的定义是下部受拉为正，而梁板的上层钢筋在支座位置根据受力一般为上部受拉，也就是承受负弯矩，所以叫负弯矩钢筋。

支座负筋一般是指梁的支座部位用以抵消负弯矩的钢筋。一般结构构件受力弯矩分正弯矩和负弯矩，抵抗负弯矩所配备的钢筋称为负筋，一般指板、梁的上部钢筋，有些上部配置的构造钢筋习惯上也称为负筋。

当梁、板的上部钢筋通长时，大家也习惯地称之为上部钢筋，梁或板的面筋就是负筋。

板负筋施工如图 3-13 所示。

图 3-13 板负筋施工

8. 措施筋

措施筋有主梁双层钢筋间的垫铁、筏板及板内的马凳筋、墙体钢筋水平定位的梯子筋、固定墙柱厚度的模板撑筋。这些钢筋一般都需要根据施工组织设计及方案来确定及计算。措施筋不用于结构受力，而是用于达到设计图样要求而采取的措施。垫铁施工，如图 3-14 所示。马凳筋施工，如图 3-15 所示。

图 3-14 垫铁施工

图 3-15 马凳筋施工

第三节 16G101 图集钢筋计算规则

一、平法系列图集简介

平面整体表示方法，简称平法，是把结构构件的尺寸和配筋等按照平面整体表示方法的制图规则，整体直接地表示在各类构件的结构布置平面图上，再与标准构造详图配合，结合成了一套新型完整的结构设计表示方法。

平法制图改变了传统的那种将构件（柱、剪力墙、梁）从结构平面设计图中索引出来，再逐个绘制模板详图和配筋详图的烦琐办法。目前平面整体表示方法已在施工图样设计、施工、造价等工程领域普遍应用，最新版本的平法图集有《16G101-1》《16G101-2》《16G101-3》等，简称 G101 系列图集。该系列图集由中国建筑标准设计研究院等有关单位根据《混凝土结构设计规范》（GB 50010—2010）、《建筑抗震设计规范》（GB 50011—2010）、《高层混凝土结构技术规程》（JGJ 3—2010）等为依据编制的。

《16G101-1》适用于非抗震和抗震设防烈度为 6～9 度地区的现浇混凝土结构的框架、剪力墙、框架-剪力墙和部分框支剪力墙等结构施工图设计，以及各类结构中的现浇混凝土楼面与屋面板（有梁楼盖及无梁楼盖）、地下室结构部分的墙体、柱、梁、板结构施工图的设计，其中楼板部分也适用于砌体结构。《16G101-2》适用于非抗震和抗震设防烈度为 6～9 度地区的现浇钢筋混凝土板式楼梯。《16G101-3》适用于现浇混凝土独立基础、条形基础、筏形基础（分梁板式和平板式）及桩基承台施工图设计。受拉钢筋锚固长度见表 3-1、受拉钢筋抗震锚固长度见表 3-2。

表 3-1　受拉钢筋锚固长度 l_a

钢筋种类	混凝土强度等级																
	C20	C25		C30		C35		C40		C45		C50		C55		≥C60	
	$d\leqslant25$	$d\leqslant25$	$d>25$	$d\leqslant25$	$d>25$	$d\leqslant25$	$d>25$	$d\leqslant25$	$d>25$	$d\leqslant25$	$d>25$	$d\leqslant25$	$d>25$	$d\leqslant25$	$d>25$	$d\leqslant25$	$d>25$
HPB300	39d	34d	—	30d	—	28d	—	25d	—	24d	—	23d	—	22d	—	21d	—
HRB335、HRBF335	38d	33d	—	29d	—	27d	—	25d	—	23d	—	22d	—	21d	—	21d	—
HRB400、HRBF400、RRB400	—	40d	44d	35d	39d	32d	35d	29d	32d	28d	31d	27d	30d	26d	29d	25d	28d
HRB500、HRBF500	—	48d	53d	43d	47d	39d	43d	36d	40d	34d	37d	32d	35d	31d	34d	30d	33d

表 3-2　受拉钢筋抗震锚固长度 l_{aE}

钢筋种类及抗震等级		混凝土强度等级																
		C20	C25		C30		C35		C40		C45		C50		C55		≥C60	
		$d\leqslant25$	$d\leqslant25$	$d>25$	$d\leqslant25$	$d>25$	$d\leqslant25$	$d>25$	$d\leqslant25$	$d>25$	$d\leqslant25$	$d>25$	$d\leqslant25$	$d>25$	$d\leqslant25$	$d>25$	$d\leqslant25$	$d>25$
HPB300	一、二级	45d	39d	—	35d	—	32d	—	29d	—	28d	—	26d	—	25d	—	24d	—
	三级	41d	36d	—	32d	—	29d	—	26d	—	25d	—	24d	—	23d	—	22d	—
HRB335、HRBF335	一、二级	44d	38d	—	33d	—	31d	—	29d	—	26d	—	25d	—	24d	—	24d	—
	三级	40d	35d	—	30d	—	28d	—	26d	—	24d	—	23d	—	22d	—	22d	—
HRB400、HRBF400	一、二级	—	46d	51d	40d	45d	37d	40d	33d	37d	32d	36d	31d	35d	30d	33d	29d	32d
	三级	—	42d	46d	37d	41d	34d	37d	30d	34d	29d	33d	28d	32d	27d	30d	26d	29d
HRB500、HRBF500	一、二级	—	55d	61d	49d	54d	45d	49d	41d	46d	39d	43d	37d	40d	36d	39d	35d	38d
	三级	—	50d	56d	45d	49d	41d	45d	38d	42d	36d	39d	34d	37d	33d	36d	32d	35d

由于 16G101 图集内容较多，且都为专业术语，一般人理解起来比较困难，但是计算钢筋工程量不懂图集也是不行的，为此我们把图集中关于钢筋计算的内容进行总结，以便于读者学习。

二、与梁有关的钢筋计算

1. 梁的标注

图集中梁的平面标注包括集中标注与原位标注，集中标注表达梁的通用数值，原位标注表达梁的特殊数值。当集中标注中的某项数值不适用于梁的某部位时，则将该项数值原位标注，施工中，原位标注优先于集中标注。某梁平法标注如图 3-16 所示。

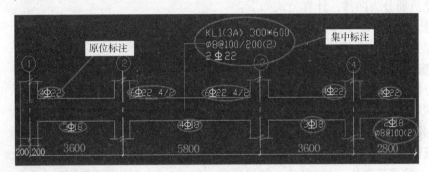

图 3-16　某梁平法标注

集中标注内容一般包括：
（1）梁编号、梁截面尺寸。
（2）箍筋（钢筋级别、直径、加密区及非加密区、肢数）。
（3）梁上下通长筋和架立筋。
（4）梁侧面纵筋（构造腰筋及抗扭腰筋）。
（5）梁顶面标高高差。
注：（5）为选注。

原位标注内容包括梁支座上部纵筋（该部位含通长筋在内所有纵筋）、梁下部纵筋、附加箍筋或吊筋、集中标注不适合于某跨时标注的数值。

原位标注内容一般包括：
（1）梁支座上、下部纵筋。
（2）吊筋、附加箍筋。

2. 上部通长筋长度计算公式

$$上部通长筋长度 = 净跨长 + 左支座锚固 + 右支座锚固$$

左、右支座锚固长度的取值判断：

当 h_c（柱宽）－保护层 $\geq l_{aE}$ 时，直锚，长度 = Max（l_{aE}，$0.5h_c + 5d$），l_{aE} 为抗震锚固长度。

当 h_c（柱宽）－保护层 $< l_{aE}$ 时，弯锚，长度 = h_c － 保护层 + 15d

当为屋面框架梁时，上部通长筋伸入支座端弯折至梁底。

当为非框架梁时，上部通长筋伸入支座端弯折 15d，当按设计铰接时，伸入支座内平直

段 $\geqslant 0.35 l_{ab}$；当充分利用钢筋抗拉强度时 $\geqslant 0.6 l_{ab}$。

当为框支梁时，纵筋伸入支座对边向下弯锚，通过梁底线后再下插 l_{aE}（l_a）。

3. 下部通长筋长度计算公式

$$下部通长筋长度 = 净跨长 + 左支座锚固 + 右支座锚固$$

左、右支座锚固长度的取值判断：

当 h_c（柱宽）－保护层（直锚长度）$\geqslant l_{aE}$ 时，长度 = Max（l_{aE}，$0.5 h_c^{'} + 5d$），l_{aE} 为抗震锚固长度

当 h_c（柱宽）－保护层（直锚长度）$< l_{aE}$ 时，必须弯锚，长度 = h_c －保护层 + 15d

4. 端支座负筋长度计算公式

端支座负筋分为两排，计算公式如下：

第一排为 $l_n/3$ + 端支座锚固值

第二排为 $l_n/4$ + 端支座锚固值

5. 腰筋长度计算公式

腰筋分构造钢筋和抗扭钢筋两种，计算公式如下：

构造钢筋（G）：构造钢筋长度 = 净跨长 + 2×15d

抗扭钢筋（N）：算法同通长钢筋。

6. 拉筋长度与根数计算公式

$$拉筋长度 = （梁宽 - 2×保护层）+ 2×11.9d（抗震弯钩值）+ 2d$$

如果没有在平法输入中给定拉筋的布筋间距，那么拉筋的根数 =（箍筋根数/2）×（构造筋根数/2）；如果给定了拉筋的布筋间距，那么拉筋的根数 = 布筋长度/布筋间距。

7. 箍筋长度与根数计算公式

$$箍筋长度 = （梁宽 - 2×保护层 + 梁高 - 2×保护层）×2 + 2×11.9d + 8d$$

箍筋根数 =（加密区长度/加密区间距 + 1）×2 +（非加密区长度/非加密区间距 - 1）+ 1

注意，因为构件扣减保护层时，都是扣至纵筋的外皮，那么，可以发现，拉筋和箍筋在每个保护层处均被多扣掉了直径值；并且在预算中计算钢筋长度时，都是按照外皮计算的，所以软件自动会将多扣掉的长度再补充回来，由此，拉筋计算时增加了 2d，箍筋计算时增加了 8d。

8. 吊筋

吊筋长度 = 2×锚固（20d）+ 2×斜段长度 + 次梁宽度 + 2×50，其中框架梁高度 > 800mm 时，夹角 = 60°；≤800mm 时，夹角 = 45°。

9. 中间跨支座负筋长度计算

中间支座负筋分为两排，计算公式如下：

第一排：$l_n/3$ + 中间支座值 + $l_n/3$

第二排：$l_n/4$ + 中间支座值 + $l_n/4$

注意，当中间跨两端的支座负筋延伸长度之和 ≥ 该跨的净跨长时，其钢筋长度：

第一排：该跨净跨长 +（$l_n/3$ + 前中间支座值）+（$l_n/3$ + 后中间支座值）

第二排：该跨净跨长 +（$l_n/4$ + 前中间支座值）+（$l_n/4$ + 后中间支座值）

l_n 为支座两边跨较大值。

其他钢筋计算同首跨钢筋计算。

三、与框架柱有关的钢筋计算

1. 框架柱的基础插筋长度与基础内箍筋根数计算

（1）当插筋保护层厚度 $>5d$；$h_j>l_{aE}$ 时：

基础插筋长度 $=h_j-$ 保护层 $+$ Max（$6d$，150）$+$ 非连接区 Max（$H_n/6$，h_c，500）$+l_{lE}$

注：h_j 为基础底面至基础顶面的高度。

（2）当插筋保护层厚度 $>5d$；$h_j\leqslant l_{aE}$ 时：

基础插筋长度 $=h_j-$ 保护层 $+15d+$ 非连接区 Max（$H_n/6$，h_c，500）$+l_{lE}$

（3）当外侧插筋保护层厚度 $\leqslant5d$，$h_j>l_{aE}$ 时：

基础插筋长度 $=h_j-$ 保护层 $+$ Max（$6d$，150）$+$ 非连接区 Max（$H_n/6$，h_c，500）$+l_{lE}$

锚固区横向箍筋应满足直径 $\geqslant d/4$（d 为插筋最大直径），间距 $\leqslant10d$（d 为插筋最小直径）且满足 $\leqslant100$mm。

（4）当外侧插筋保护层厚度 $\leqslant5d$，$h_j\leqslant l_{aE}$ 时：

基础插筋长度 $=h_j-$ 保护层 $+150+$ 非连接区 Max（$H_n/6$，h_c，500）$+l_{lE}$

锚固区横向箍筋应满足直径 $\geqslant d/4$，（d 为插筋最大直径），间距 $\leqslant10d$（d 为插筋最小直径）且满足 $\leqslant100$mm。

（5）框架柱在基础中箍筋的个数 $=$（基础高度 $-$ 基础保护层 -100）/间距 $+1$

柱基础插筋在基础中箍筋的个数不应少于两道封闭箍筋。

2. 首层柱子纵筋长度及箍筋根数计算

纵筋长度 $=$ 首层层高 $-$ 首层非连接 Max（$H_n/6$，h_c，500）$+$ Max（$H_n/6$，h_c，500）$+$ 搭接长度 l。

注意，本层箍筋根数是由上下加密区和中间非加密区除以相应的间距得出的。所以要先计算上下加密区和非加密区的长度。

上部加密区箍筋根数 $=$ ［Max（$1/6H_n$，h_c，500）$+$ 梁高］/加密区间距 $+1$

下部加密区箍筋根数 $=$（$1/3H_n-50$）/加密区间距 $+1$

中间非加密区箍筋根数 $=$（层高 $-$ 上下加密区）/非加密区间距 -1

3. 中间层柱子纵筋长度及箍筋根数计算

（1）中间层柱子纵筋长度：

纵筋长度 $=$ 中间层层高 $-$ Max（$H_n/6$，500）$+$ 搭接长度 l_{lE}

非连接区 $=$ Max（$1/6H_n$、500、h_c）

（2）中间层柱子箍筋根数计算：

上部加密区箍筋根数 $=$ ［Max（$1/6H_n$，h_c，500）$+$ 梁高］/加密间距 $+1$

下部加密区箍筋根数 $=$ Max（$1/6H_n$，h_c，500）/加密间距 $+1$

非加密区箍筋根数 $=$（层高 $-$ 上下加密区）/非加密区间距 -1

4. 顶层边角柱纵筋计算

顶层柱又区分为边柱、角柱和中柱，在顶层锚固长度有区别，其中边柱、角柱共分 A、B、C、D、E 五个不同节点。我们以 A 节点为例讲解，其余类同。顶层边角柱纵筋构造如图 3-17 所示。

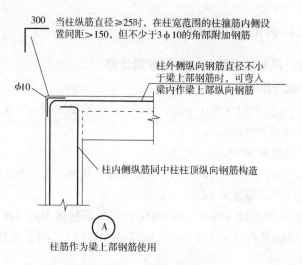

图 3-17   顶层边角柱纵筋构造

A 节点：柱筋作为梁上部筋使用，柱外侧钢筋不小于梁上部钢筋时，可以弯入梁内作为梁上部纵向钢筋。

外侧纵筋长度 = 顶层层高 - 顶层非连接区 - 保护层 + 弯入梁内的长度

内侧纵筋长度 = 顶层层高 - 顶层非连接区 - 保护层 + 12d

当梁高 - 保护层 ≥ l_{aE} 时，可不弯折 12d。

5. 顶层柱箍筋计算

上部加密区根数 = [Max（1/6H_n，h_c，500）+ 梁高]／加密间距 + 1

下部加密区跟数 = Max（1/6H_n，h_c，500）／加密间距 + 1

非加密区根数 = （层高 - 上下加密区）／非加密区间距 - 1

注：当采用绑扎搭接时，搭接区需要加密。

框架柱箍筋一般分为非复合箍筋和复合箍筋两大类，常见的矩形复合箍筋的复合方式有：

（1）采用大箍套小箍的形式，柱内复合箍筋可全部采用拉筋。

（2）在同一组内，复合箍筋各肢位置不能满足对称性要求时，沿柱竖向相邻两组箍筋应交错放置。

（3）矩形箍筋复合方式同样适用于芯柱。

箍筋长度 = 周长 - 8 × 保护层 + 1.9d × 2 + Max（75，10d）× 2

四、与剪力墙有关的钢筋计算

剪力墙身钢筋包括水平筋、竖向筋、拉筋和洞口加强筋，下面我们分别介绍每种钢筋的计算公式。

1. 墙身水平钢筋

（1）墙端为暗柱，外侧钢筋连续通过时：

外侧钢筋 = 墙长 - 2 × 保护层 （当不能满足通常要求时，须搭接 1.2l_{aE}）

内侧钢筋 = 墙长 - 2 × 保护层 + 15d × 2

（2）墙端为暗柱，外侧钢筋不连续通过时：

$$外侧钢筋 = 墙长 - 2 \times 保护层 + 0.8 l_a \times 2$$

$$内侧钢筋 = 墙长 - 2 \times 保护层 + 15d \times 2$$

（3）墙端为端柱时：

$$外侧钢筋 = 墙长 - 2 \times 保护层 + 15d \times 2$$

$$内侧钢筋 = 墙长 - 2 \times 保护层 + 15d \times 2$$

（4）当剪力墙端部既无暗柱也无端柱时：

$$钢筋长度 = 墙长 - 2 \times 保护层 + 10d \times 2$$

（5）墙身水平筋根数计算：

$$基础层水平筋根数 = （基础高度 - 基础保护层 - 100）/500 + 1$$

$$中间层及顶层水平筋根数 = （层高 - 100）/间距 + 1$$

2. 墙身竖向钢筋计算

（1）当 h_j（基础底面至基础顶面高度）大于 l_{aE}（l_a）时

$$基础插筋长度 = 弯折长度 6d + h_j - 保护层 - 底层钢筋直径 + 搭接长度 1.2 l_{aE}$$

（2）当 h_j 小于或等于 l_{aE}（l_a）时：

$$基础插筋长度 = 弯折长度 15d + h_j - 保护层 - 底层钢筋直径 + 搭接长度 1.2 l_{aE}$$

（3）墙中间层竖向钢筋长度：

$$中间层纵筋 = 层高 + 搭接长度 1.2 l_{aE}$$

注意，由于中间层的下部连接点距离楼地面的高度与伸入上层预留长度相同，所以计算长度是层高 + 搭接长度，如果是机械或焊接连接时，不计算搭接长度。

$$顶层纵筋 = 层高 - 保护层 + 12d$$

（4）墙身竖向钢筋根数计算

$$墙身竖向分布钢筋根数 = （墙身净长 - 2 个竖向间距）/竖向布置间距 + 1$$

注意，墙身竖筋是从暗柱或端柱边开始布置。

3. 墙身变截面处竖向分布筋计算

变截面差值 $\Delta \leqslant 30$ 时，竖向钢筋连续通过。

变截面差值 $\Delta > 30$ 时，下部钢筋伸至板顶向内弯折 $12d$，上部钢筋伸入下部墙内 $1.2 l_{aE}$（l_a）。

当剪力墙为一面存在变截面差值时，另一面可连续通过。

4. 墙身拉筋计算

$$长度 = 墙厚 - 保护层 + 弯钩（弯钩长度 = 11.9d \times 2）$$

$$根数 = 墙净面积/拉筋的布置面积$$

注意，墙净面积是指要扣除暗（端）柱、暗（连）梁，即：墙净面积 = 墙面积 - 门洞总面积 - 暗柱剖面积 - 暗梁面积；拉筋的布置面积是指其横向间距 × 竖向间距。例如：$（8000 \times 3840）/（600 \times 600）$

五、与钢筋混凝土板有关的钢筋计算

板筋主要有受力筋（单向或双向，单层或双层）、支座负筋、分布筋、附加钢筋（角部附加放射筋、洞口附加钢筋）、撑脚钢筋（双层钢筋时支撑上下层）。

1. 板底通长筋长度计算

$$底筋长度 = 板净跨 + 左伸进长度 + 右伸进长度 + 弯钩增加值$$

当底筋伸入端部支座为剪力墙、梁时，伸进长度 = Max（支座宽/2，5d）

2. 板底通长钢筋根数计算

$$板底钢筋根数 = 支座间净距（净跨）- 100（或板筋间距）/间距 + 1$$

（第一根钢筋距梁或墙边 50mm，第一根钢筋距梁角筋为 1/2 板筋间距）

3. 负筋及分布筋

$$负筋长度 = 负筋水平长度 + 左弯折 + 右弯折$$

$$负筋根数 = （布筋范围 - 扣减值）/布筋间距 + 1$$

$$分布筋长度 = 负筋布置范围长度 - 负筋扣减值$$

$$负筋分布筋根数 = 负筋输入界面中负筋的长度/分布筋间距 + 1$$

4. 附加钢筋（角部附加放射筋、洞口附加钢筋）、支撑钢筋（双层钢筋时支撑上下层）

根据实际情况直接计算钢筋的长度、根数即可。

六、与基础有关的钢筋计算

1. 独立基础

$$独立基础底筋长度 = 基础长度 - 2 × 保护层$$

$$独立基础底筋根数 = [边长 - Min（75，S/2）× 2]/间距 + 1$$

2. 条形基础

条形基础的钢筋在底部形成钢筋网，有梁式条形基础除了计算基础底板横向受力筋与分布筋外，还要计算梁的纵筋以及箍筋。

（1）条形基础

$$受力筋长度 = 条基宽 - 2 × 保护层$$

$$受力筋根数 = （条基长 - S）/间距 + 1$$

$$分布筋长度 = 条基长 - 2 × 保护层$$

$$分布筋根数 = （条基宽 - S）/间距 + 1$$

注：条基宽≥2500 时 mm，底板受力筋缩减 10% 交错配置。

（2）基础梁

$$底部贯通筋长度 = 梁长 - 保护层 × 2 + 15d × 2$$

$$底部贯通筋根数 = （梁宽 - 保护层 × 2）/钢筋间距 + 1$$

$$顶部贯通筋长度 = 梁长 - 保护层 × 2 + 15d × 2$$

$$顶部贯通筋根数 = （梁宽 - 保护层 × 2）/钢筋间距 + 1$$

$$底部非贯通筋长度 = l_n/3 + h_c + l_n/3$$

$$底部非贯通筋根数 = （梁宽 - 保护层 × 2）/钢筋间距 + 1$$

$$侧面构造筋长度 = 梁长 - 保护层 × 2$$

侧面构造筋根数见具体设计，加腋钢筋、附加吊筋和箍筋长度及根数算法参考梁的算法。

第四节　钢筋工程量计算方法

一、钢筋工程量计算规则

无论是《建设工程工程量清单计价规范》（GB 50500—2013）还是各地方定额规定，其钢筋工程量计算规则基本一样，计算规则如下：

（1）钢筋工程，应区别现浇、预制构件及不同钢种和规格，分别按设计长度乘以理论重量，以"吨"计算。

（2）计算钢筋工程量时，设计已规定钢筋搭接长度的，按规定搭接长度计算；设计未规定搭接长度的，已包括在钢筋的损耗率之内，不另计算搭接长度。钢筋电渣压力焊接、套筒挤压等接头，以"个"计算。

（3）先张法预应力钢筋，按构件外形尺寸计算长度，后张法预应力钢筋按设计图规定的预应力钢筋预留孔道长度，并区别不同的锚具类型，分别按下列规定计算：

1）低合金钢筋两端采用螺杆锚具时，预应力钢筋长度按预留孔道长度减 0.35m，螺杆另行计算。

2）低合金钢筋一端采用镦头插片，另一端采用螺杆锚具时，预应力钢筋长度按预留孔道长度计算，螺杆另行计算。

3）低合金钢筋一端采用镦头插片，另一端采用帮条锚具时，预应力钢筋长度按预留孔道长度增加 0.15m 计算，两端采用帮条锚具时预应力钢筋长度按预留孔道长度增加 0.3m 计算。

4）低合金钢筋采用后张法自锚时，预应力钢筋长度按预留孔道长度增加 0.35m 计算。

5）低合金钢筋或钢绞线采用 JM、XM、QM 型锚具孔道长度在 20m 以内时，预应力钢筋长度按预留孔道长度增加 1m 计算；孔道长度 20m 以上时预应力钢筋长度按预留孔道长度增加 1.8m 计算。

6）碳素钢丝采用锥形锚具，孔道长度在 20m 以内时，预应力钢筋长度按预留孔道长度增加 1m 计算；孔道长在 20m 以上时，预应力钢筋长度按预留孔道长度增加 1.8m 计算。

7）碳素钢丝两端采用镦粗头时，预应力钢丝长度按预留孔道长度增加 0.35m 计算。

二、各类钢筋计算长度的确定

钢筋长度计算公式：

钢筋长度 = 构件图示尺寸 − 保护层总厚度 + 两端弯钩长度 +（图样注明的搭接长度、弯起钢筋斜长的增加值）

1. 钢筋的混凝土保护层厚度

受力钢筋的混凝土保护层厚度，应符合设计要求，当设计无具体要求时，不应小于受力钢筋直径，并应符合表 3-3 的要求。

表 3-3　钢筋的混凝土保护层厚度 （单位：mm）

环境条件	构件名称	混凝土强度等级		
		低于 C25	C25 及 C30	高于 C30
室内正常环境	板、墙、壳	15		
	梁、柱	25		
露天或室内高湿度环境	板、墙、壳	35	25	15
	梁、柱	45	35	25
有垫层	基础	35		
无垫层		70		

注：1. 轻骨料混凝土的钢筋保护层厚度应符合国家现行标准《轻骨料混凝土结构设计规程》。

2. 处于室内正常环境由工厂生产的预制构件，当混凝土强度等级不低于 C20 且施工质量有可靠保证时，其保护层厚度可按表中规定减少 5mm，但预制构件中的预应力钢筋的保护层厚度不应小于 15mm；处于露天或室内高湿度环境的预制构件，当表面另做水泥砂浆抹面且有质量可靠保证措施时，其保护层厚度可按表中室内正常环境中的构件的保护层厚度数值采用。

3. 钢筋混凝土受弯构件，钢筋端头的保护层厚度一般为 10mm；预制的肋形板，其主肋的保护层厚度可按梁考虑。

4. 板、墙、壳中分布钢筋的保护层厚度不应小于 10mm；梁、柱中的箍筋和构造钢筋的保护层厚度不应小于 15mm。

2. 钢筋的弯钩长度

Ⅰ级钢筋末端需要做 180°、135°、90° 弯钩时，其圆弧弯曲直径 D 不应小于钢筋直径 d 的 2.5 倍，平直部分长度不宜小于钢筋直径 d 的 3 倍；HRB335 级、HRB400 级钢筋的弯弧内径不应小于钢筋直径 d 的 4 倍，弯钩的平直部分长度应符合设计要求。180° 的每个弯钩长度 = $6.25d$；135° 的每个弯钩长度 = $4.9d$；90° 的每个弯钩长度 = $3.5d$（d 为钢筋直径），如图 3-18 所示。

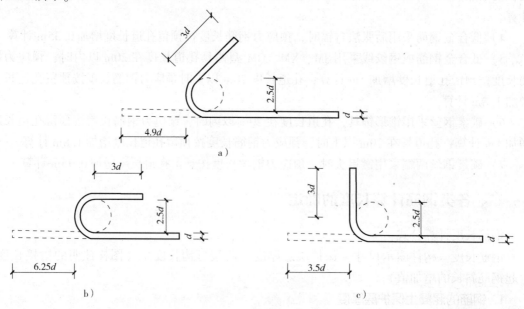

图 3-18　钢筋弯钩示意图
a）135° 斜弯钩　b）180° 半圆弯钩　c）90° 直弯钩

3. 弯起钢筋的增加长度

弯起钢筋的弯起角度一般有 30°、45°、60° 三种，其弯起增加值是指钢筋斜长与水平投影长度之间的差值。弯起钢筋斜长及增加长度计算表，见表 3-4。示意图如图 3-19 所示。

表 3-4　弯起钢筋斜长及增加长度计算表

形状		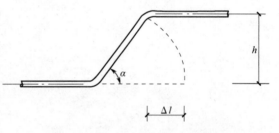		
计算方法	斜边长 S	$2h$	$1.414h$	$1.155h$
	增加长度 $S-L=\Delta l$	$0.268h$	$0.414h$	$0.577h$

4. 箍筋的长度

箍筋的末端应做弯钩，弯钩形式应符合设计要求。当设计无具体要求时，用 I 级钢筋或低碳钢丝制作的箍筋，其弯钩的弯曲直径 D 不应大于受力钢筋直径，且不小于箍筋直径的 2.5 倍；弯钩的平直部分长度，一般结构的，不宜小于箍筋直径的 5 倍；有抗震要求的结构构件箍筋弯钩的平直部分长度不应小于箍筋直径的 10 倍。

图 3-19　钢筋弯钩增加长度示意图

箍筋的长度有两种计算方法：

（1）计算法。可按构件断面外边周长减去 8 个保护层厚度再加 2 个弯钩长度计算。

（2）经验法。可按构件断面外边周长加上增减值计算，增减值见表 3-5。

表 3-5　箍筋增减值调整

形状		直径 d/mm						备注：保护层按25mm考虑
		4	6	6.5	8	10	12	
		增减值						
抗震结构	135°/135°	−88	−33	−20	22	78	133	增减值 = 25 × 8 − 27.8d
一般结构	90°/180°	−133	−100	−90	−66	−33	0	增减值 = 25 × 8 − 16.75d
一般结构	90°/90°	−140	−110	−103	−80	−50	−20	增减值 = 25 × 8 − 15d

三、混凝土构件钢筋、预埋铁件工程量计算

（1）现浇构件钢筋制作、安装工程量（按重量计算）：

$$钢筋工程量 = 钢筋长度 \times 钢筋理论重量 \times 根数$$

钢筋长度应区分不同钢筋级别、直径、规格按"米"计算，钢筋理论重量可以通过查表获得，也可以根据经验公式自己计算获得，钢筋理论重量（kg/m）$= 0.00617d^2$，d 为钢

筋直径，单位mm。

（2）凡是标准图集预制钢筋混凝土构件钢筋，可直接查表，其工程量 = 单件构件钢筋理论重量×件数；而非标准图集构件钢筋计算方法同"（1）"。

（3）预埋铁件工程量。预埋铁件工程量按图示尺寸以理论重量计算。

四、钢筋计算其他问题

在计算钢筋用量时，还要注意设计图样未画出以及未明确表示的钢筋，如楼板中的负弯矩钢筋的分布筋固定、满堂基础底板的双层钢筋在施工时支撑所用的马凳及钢筋混凝土墙施工时所用的定位筋等。这些都应按规范要求计算，并入其钢筋用量中。

第四章 BIM 钢筋算量软件操作

第一节 工程参数设置

一、打开工程

在工程建模的开始，我们先打开工程，双击图标，如图 4-1 所示。

图 4-1   图标

打开工程以后进入广联达软件的欢迎界面，如图 4-2 所示。

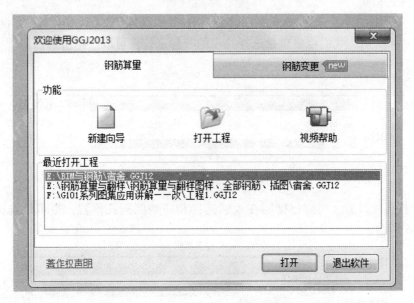

图 4-2   欢迎界面

二、新建工程

点击【新建向导】，可以新建一个工程，软件会自动进入工程设置界面，如图 4-3 所示。

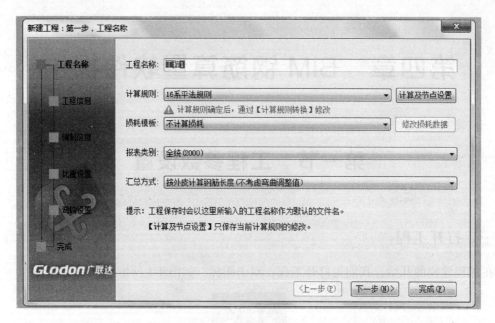

图 4-3 工程设置界面

新建工程的第一步,是对工程名称、计算规则、工程所选用的清单库和定额库以及工程的做法模式的设置。具体设置如下:

(1) 工程名称的设置对于工程量的计算没有任何影响,工程名称中输入的内容与保存后生成的文件名相同。

(2) 计算规则的设置分为 16 系平法规则、11 系平法规则、03G101 系列、00G101 系列四种,如图 4-4 所示。我们可以单独选择其中的一种,软件可以根据所选图集规则进行工程量计算。

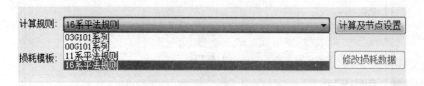

图 4-4 计算规则设置界面

(3) 损耗模板设置。可以根据所在地区选择相应地区损耗设置,也可以选择不计算损耗,如图 4-5 所示。

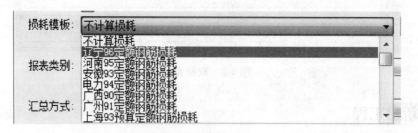

图 4-5 损耗设置

报表类别根据工程所在地区选择，如图 4-6 所示。

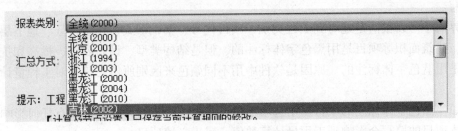

图 4-6　报表设置

（4）汇总方式有两种，按外皮计算钢筋长度和按中轴线计算钢筋，如图 4-7 所示。按外皮计算钢筋长度一般应用于工程造价中钢筋工程量，按中轴线计算钢筋一般用于钢筋下料时应考虑的工程尺寸，可以根据需要进行选择。

图 4-7　汇总方式设置

三、工程信息

完成以上设置以后可以点击下一步，进入【工程信息】界面，如图 4-8 所示。

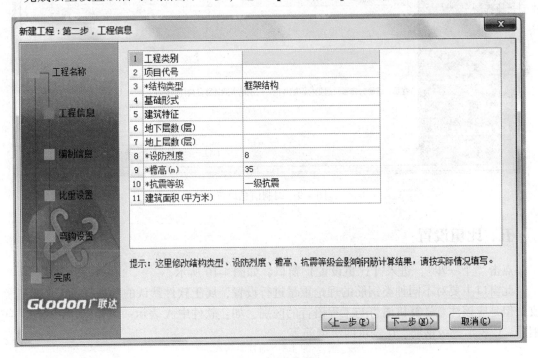

图 4-8　工程信息设置

这些工程信息属于一般结构施工图中结构设计说明中的内容，可以根据所要计算的图样进行填写。

在界面中可以很清楚地看到工程类别、项目代号、基础形式、建筑特征、地下层数、地上层数、建筑面积等项目是用黑色字体标注的，但是结构类型、设防烈度、檐高和抗震等级等四项是用蓝色字体标注的。原因是软件中用不同颜色来区别所填写信息对工程量计算是否有影响。

例如：黑色字体标注的项目属于选填项目，对于工程量的计算数值没有任何影响。但是蓝色字体项目的填写会影响到工程量计算数值，属于必填项目。

四、编制信息

填写完毕点击"下一步"，到【编制信息】窗口进行填写，如图4-9所示。本窗口所填项目对工程量计算无影响，但是可以作为存档资料的重要内容，应按工程实际情况进行填写。

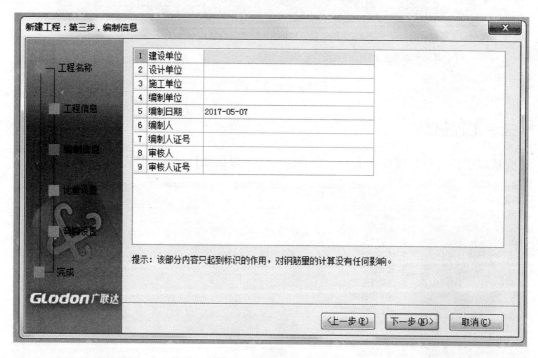

图 4-9　编制信息设置

五、比重设置

点击"下一步"，进入【比重设置】窗口，如图4-10所示。

此窗口主要对不同种类钢筋的理论重量进行设置，属于软件默认的数据，不需要另行修改，但是应该注意计算机语言与工程语言的区别，如：软件中 A 表示一级钢筋、B 表示二级钢筋、C 表示三级钢筋、D 表示四级钢筋等。

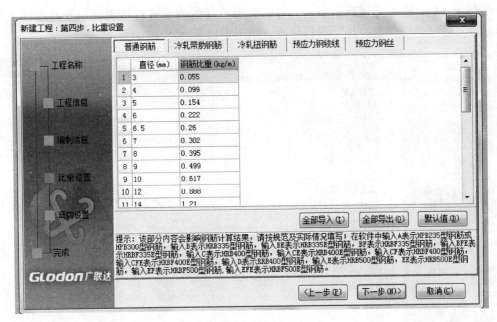

图 4-10 比重设置

六、弯钩设置

点击"下一步",进入【弯钩设置】窗口,如图 4-11 所示。

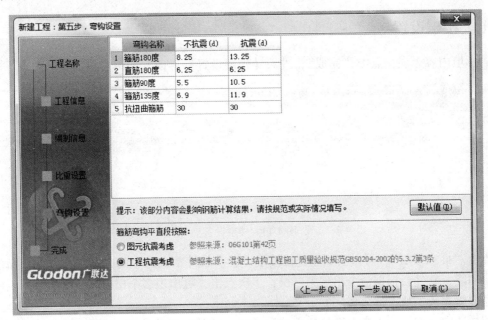

图 4-11 弯钩设置

此窗口主要对不同角度弯钩长度进行设置,属于软件默认的数据,与图集内容一致,也不需要另行修改。

点击下一步，进入【完成】窗口，可以对所填写的内容进行检查，如发现前面所填写内容有误，可以返回"上一步"进行修改，如图 4-12 所示。

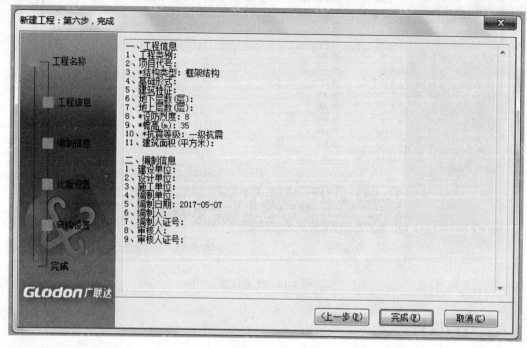

图 4-12 设置完成

七、楼层设置

若所填内容无误，点击"完成"，进入【楼层设置】界面，如图 4-13 所示。

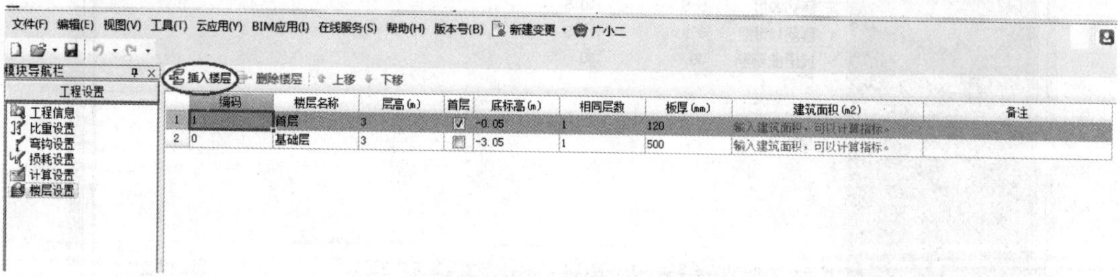

图 4-13 楼层设置

点击"插入楼层"，可以按顺序进行楼层设置。软件默认选中的是首层，点击上面的插入楼层功能，软件会根据命令出现第二层，多次点击，可出现多个楼层。然后修改相应的层高，这样就完成了地上部分楼层的定义。

同样选中基础层，点击上面的插入楼层功能，软件会根据命令出现第二层，多次点击，可出现多个楼层。然后修改相应的层高，这样就完成了地下部分楼层的定义。

但是需要注意的是，基础层层高是从基础底板底标高开始计算的，不包括垫层。

完成的工程楼层定义如图 4-14 所示。

	编码	楼层名称	层高(m)	首层	底标高(m)	相同层数	板厚(mm)
1	6	第6层	3.9	☐	16.5	1	120
2	5	第5层	3.4	☐	13.1	1	120
3	4	第4层	3.3	☐	9.8	1	120
4	3	第3层	3.3	☐	6.5	1	120
5	2	第2层	3.3	☐	3.2	1	120
6	1	首层	3.3	☑	-0.1	1	120
7	-1	第-1层	3.1	☐	-3.2	1	120
8	0	基础层	0.8	☐	-4	1	500

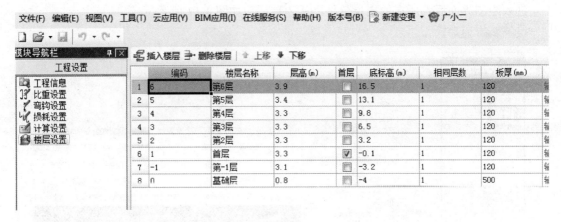

图 4-14　楼层设置

八、构件抗震等级、混凝土强度等级、保护层厚度设置

设置完楼层后，还需要进行构件抗震等级、混凝土强度等级、保护层厚度设置，此部分内容会影响到钢筋工程量计算，因此应严格按图样中载明的信息进行填写，如图 4-15 所示。

楼层默认钢筋设置(第6层, 16.50m~20.40m)

	抗震等级	砼标号	锚固					搭接					保护层厚(mm)
			一级钢	二级钢	三级钢	冷轧带肋	冷轧扭	一级钢	二级钢	三级钢	冷轧带肋	冷轧扭	
基础	(三级抗震)	C30	(25)	(31/34)	(37/41)	(32)	(35)	(35)	(44/48)	(52/58)	(45)	(49)	40
基础梁	(三级抗震)	C30	(25)	(31/34)	(37/41)	(32)	(35)	(35)	(44/48)	(52/58)	(45)	(49)	40
框架梁	(三级抗震)	C30	(25)	(31/34)	(37/41)	(32)	(35)	(35)	(44/48)	(52/58)	(45)	(49)	25
非框架梁	(非抗震)	C30	(24)	(30/33)	(36/39)	(30)	(35)	(34)	(42/47)	(51/55)	(42)	(49)	25
柱	(三级抗震)	C30	(25)	(31/34)	(37/41)	(32)	(35)	(35)	(44/48)	(52/58)	(45)	(49)	30
现浇板	(非抗震)	C30	(24)	(30/33)	(36/39)	(30)	(35)	(34)	(42/47)	(51/55)	(42)	(49)	15
剪力墙	(三级抗震)	C30	(25)	(31/34)	(37/41)	(32)	(35)	(35)	(44/48)	(52/58)	(45)	(49)	15
人防门框墙	(三级抗震)	C30	(25)	(31/34)	(37/41)	(32)	(35)	(35)	(44/48)	(52/58)	(45)	(49)	20
墙梁	(三级抗震)	C30	(25)	(31/34)	(37/41)	(32)	(35)	(35)	(44/48)	(52/58)	(45)	(49)	25
墙柱	(三级抗震)	C30	(25)	(31/34)	(37/41)	(32)	(35)	(35)	(44/48)	(52/58)	(45)	(49)	30
圈梁	(三级抗震)	C25	(28)	(35/39)	(42/46)	(37)	(40)	(40)	(49/55)	(59/65)	(52)	(56)	15
构造柱	(三级抗震)	C25	(28)	(35/39)	(42/46)	(37)	(40)	(40)	(49/55)	(59/65)	(52)	(56)	15
其他	(非抗震)	C15	(37)	(47/52)	(47/52)	(40)	(45)	(52)	(66/73)	(66/73)	(56)	(63)	15

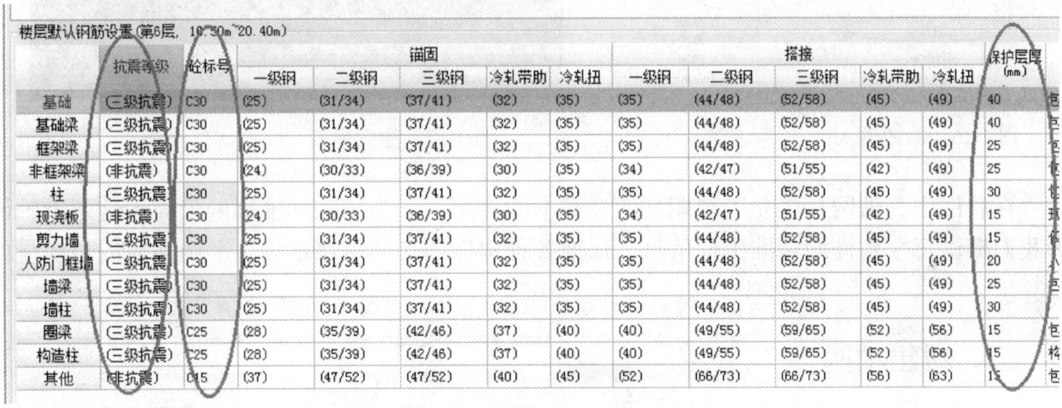

图 4-15　抗震等级、混凝土强度等级、保护层设置

经过以上的步骤，就基本上完成了工程的属性设置。对于计算规则和计算设置，可以暂时不去管它，因为软件的默认设置一般都和本地的计算规则相对应。

第二节　轴网设置

一、绘图输入

完成【楼层设置】后，点击模块导航栏中“绘图输入”进入绘图界面，如图 4-16 所示。

进入绘图界面后，所在的楼层软件默认为首层，如图 4-17 所示。

图 4-16　绘图输入

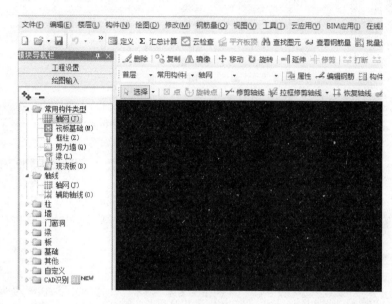

图 4-17　绘图界面

在软件中，轴网是建立工程模型的最基本的参照，分为主轴和辅轴两大类，这两类轴网为我们提供每个构件的精准坐标信息，保证各种构件的扣减关系正确，准确地完成工程量的计算。

二、新建轴网

主轴网一共有三种形式，分别是正交、斜交和圆弧轴网，这三种轴网可以通过编辑实现一些复杂轴网的建立。现介绍一下正交轴网的建立。

（1）双击【轴网】，如图 4-18 所示。

从【新建】下拉列表中选择正交轴网、圆弧轴网、斜交轴网其中的一种，如图 4-19 所示。

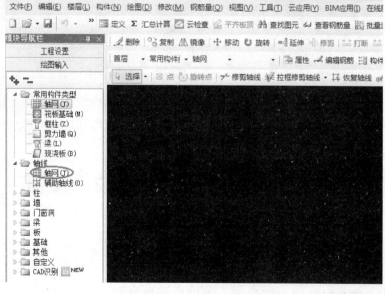

图 4-18　轴网设置

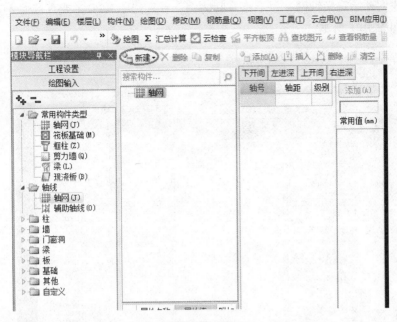

图 4-19　轴网定义

（2）输入轴距，有两种方法，如图 4-20 所示。

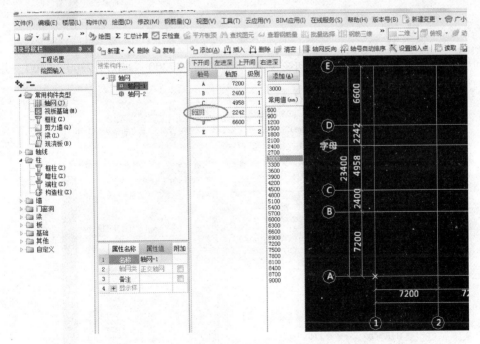

图 4-20　轴距输入

　　方法一：所有的操作都在数字键区完成，数据，回车，数据，回车，很方便的。同时在数据框里面的数据支持乘法计算，例如，输入图样里面的②~③轴和③~④轴的时候可以点击 6000×2，这个方法还是比较快的。

　　方法二：在常用值栏中找寻数据，这个方法可能会慢一点。

例如：我们开始定义轴网，以下部开间为例，首先选中 7200（或直接输入）连续敲击 5 次回车键，如图 4-21 所示。

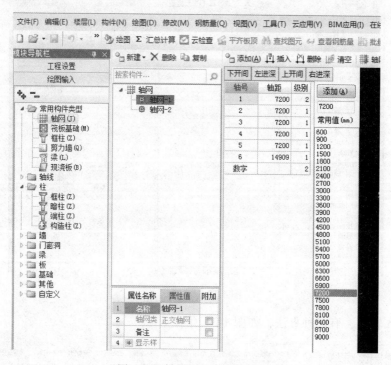

图 4-21 轴网下开间数据输入

同理选中"左进深"可以定义进深数据，比如输入 7200、2400、7200、6600，并分别回车确认，如图 4-22 所示。

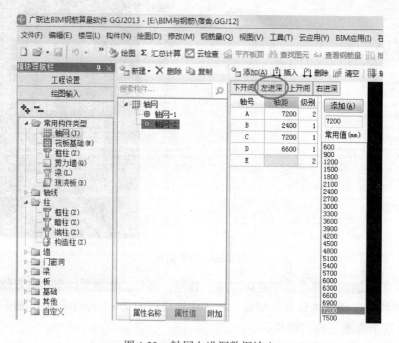

图 4-22 轴网左进深数据输入

双击【轴网】，软件要求输入角度，选择默认的零度，点击确定。
完成的轴网，如图 4-23 所示。

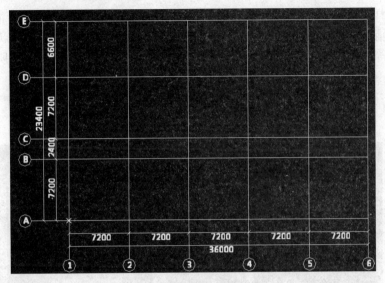

图 4-23　绘制完成的轴网

注意，开间轴号是以数字次序 1、2、3、4、5、6……依次排序的，而进深轴号是以字母 A、B、C、D、E、F、G……依次排序的。若是图样中轴号出现特殊情况可以自定义，如：在左进深定义完 A、B、C 轴号后，发现第四个轴号为"字母"，双击轴号名称输入"字母"，就会出现轴号名称，如图 4-24 所示。

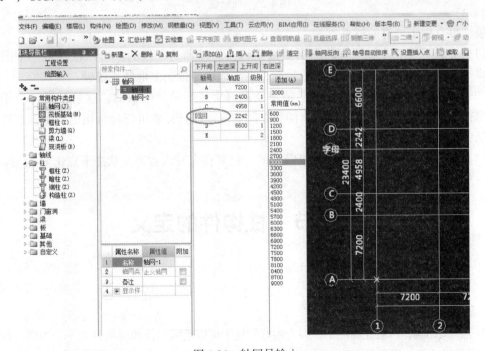

图 4-24　轴网号输入

三、辅助轴网

完成了图样主轴网（以下简称主轴）后，有时需要再次添加辅助轴网（以下简称辅轴）。下面将对图样的辅轴功能进行介绍。辅轴，是在主轴建立之后进行的轴网操作，可以自动捕捉到主轴中的点、线等，然后进行"两点""平行""点角""删除"等操作，如图 4-25 所示。

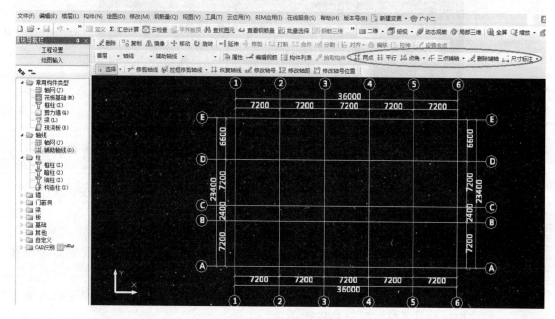

图 4-25　辅轴输入

辅轴也有很多独有的特点：

（1）主轴只能在主轴固有的图层里面编辑，而辅轴是开放的，可以在任意一个图层里面编辑。这就提高了建立辅轴轴线的效率，在工程中尽量更多地使用辅轴。

（2）在广联达钢筋抽样软件中，辅轴是在每个楼层单独生成的，这就使得每个楼层的轴线都很清晰。同时，辅轴支持各个楼层之间的复制，这样就可以将常用的辅轴，复制到其他楼层，更有利于提高速度。

（3）辅轴在任何情况下都是可以隐藏的，只要在大写或者英文状态下点击 O 就可以了。

第三节　柱构件的定义

一、软件输入的顺序

对于框架结构，一般先画柱子，因为画好的柱子可以是墙构件和梁构件的一个参照，很多时候，柱子是偏心的，梁又是和柱边平齐的，这样只要定义好了柱子，梁的位置就很好确定了。

在框剪结构中，一般是先画出剪力墙的。因为定额中有规定，暗柱是套剪力墙的定额的。这样在暗柱与剪力墙同宽的情况下，就可以不画暗柱了。但是有暗柱突出于墙的情况下还是要画上暗柱的，因为只有这样算出的工程量才不会少，如图 4-26 所示。

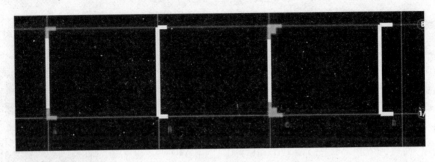

图 4-26　构件输入顺序

在软件中，将构件从形状和画法的角度一共分了三个类别，即点式构件（例如柱、独立基础、独立基础垫层等），线式构件（例如梁、墙、条形基础等）和面式构件（例如现浇板、筏板等）。

二、定义柱构件

几乎所有的构件的画法都有两个步骤，就是【定义】和【新建】，对于柱构件也不例外，下面先定义构件。

选中【框柱】，点击【定义】，如图 4-27 所示。

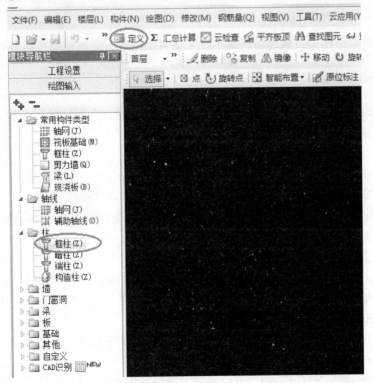

图 4-27　框柱设置

进入柱定义界面，点击【新建矩形框柱】，可以进行柱构件的定义，如图4-28所示。

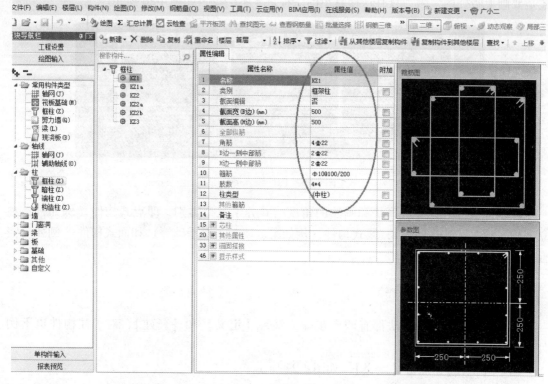

图4-28　框柱定义

在属性编辑对话框中，属性值列属于必须填写的内容，要根据图样认真填写。

三、绘制图元

完成柱构件的定义后点击【绘图】，返回到绘图界面，进行柱绘制。柱属于点式构件，下面以柱为例讲述点式构件的画法。

1. 点画法

在点画法中，一共有【点】和【旋转点】两种布置方式，【旋转点】一般用来处理一些弧形轴线上面的柱子，【点】这种方法，在正交轴网中应用较多。

首先选择柱构件，然后和图样对照，在相应的轴线交点进行点击，这样就完成了KZ1和KZ2的布置，如图4-29所示。

2. 智能布置

智能布置就是让需要绘制的构件以原有的参照进行布置，例如柱构件，软件提供了多种布置方法。因为前面已经对于构件的布置顺序进行了介绍，所以按轴网布置柱，是布置柱构件最常用的办法。

点击【智能布置】，然后在软件中进行拉框选中下面的轴线，右键点击【确认】，这样就完成了柱构件的布置。

用以上方法，就完成了KZ的布置。完成的结果如图4-30所示。

这种方法布置柱子更为快捷，对于智能布置的功能，软件中提供了很多智能布置的参照

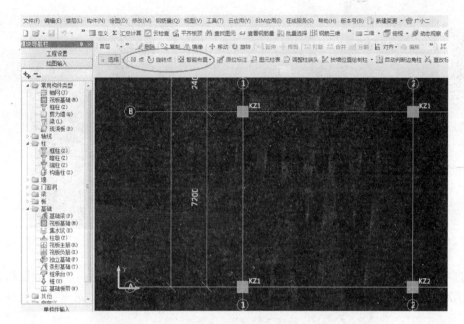

图 4-29　框柱绘制

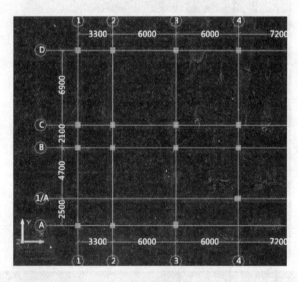

图 4-30　框柱绘制完成

标准，这些参照标准在具体的工程中应灵活运用。

3. 镜像布置

若是左右对称的工程，完成其中的一半就可以，剩下的部分，用【块镜像】命令就可以了。这样就完成了框架柱的布置，完成的柱子布置三维图如图 4-31 所示。

4. 替换布置法

首先看图样时发现 KZ4 的数量是最多的，那么就可以将全部的轴线用智能布置的方法画上 KZ4，然后用【修改构件图元名称】命令，将不对的构件替换。

操作的步骤是这样的，首先选中①轴和②轴、③轴、④轴相交处的 3 个柱子，然后单击

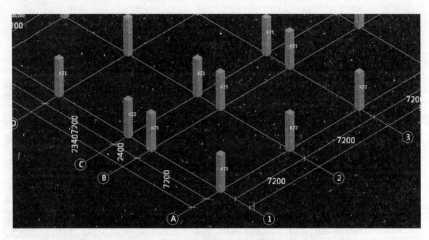

图 4-31　框柱镜像布置

右键，选中【修改构件图元名称】命令。弹出修改构件图元名称对话框，在目标构件一栏中选中 KZ3 然后点击确定。这样就完成了 KZ3 的修改，修改的步骤和完成的结果如图 4-32 所示。

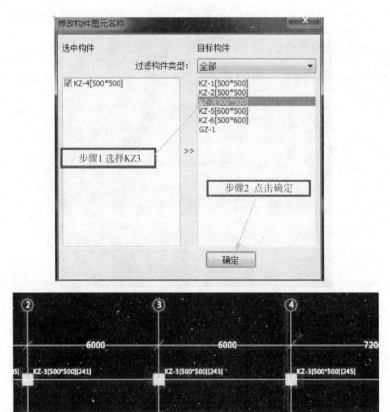

图 4-32　框柱修改布置

按照上面的步骤，就完成了 KZ3 的位置的修改。同理，按照上面的步骤去修改其他的柱子，这样就用另外的一种方法完成了柱子构件的布置。

这个方法处理比较简单的工程速度是很快的，如果工程很大，柱子布置很分散，它的速度也不是很快。因此，可以让思路更加开阔一点，如果是修改画错了的构件，它能省去删除的步骤，如果用它来修改线性构件，可以省去鼠标移动的距离。这个替换法，是修改错误的利器。

四、汇总计算

完成构件的绘制，就可以进行对量。点击【汇总计算】，然后选择需要汇总计算的楼层，点击【确定】，稍等片刻计算就会完成。点击【查看工程量】，框选所有柱，右键确定，就可以显示计算结果。框柱构件属性如图4-33所示。框柱钢筋量查看如图4-34所示。

	属性名称	属性值	附加
1	名称	KL1	
2	类别	楼层框架梁	☐
3	截面宽度 (mm)	250	☐
4	截面高度 (mm)	800	☐
5	轴线距梁左边线距离 (mm)	(125)	☐
6	跨数量	3	
7	箍筋	Φ8@100/200 (2)	☐
8	肢数	2	
9	上部通长筋	2Φ22	☐
10	下部通长筋	4Φ20	☐
11	侧面构造或受扭筋 (总配筋值)	G4Φ12	☐
12	拉筋	(Φ6)	
13	其他箍筋		
14	备注		☐
15 ⊞	其他属性		
23 ⊞	锚固搭接		
36 ⊞	显示样式		

图 4-33　框柱构件属性

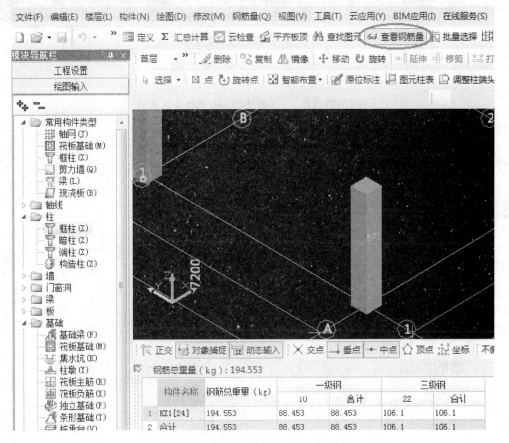

图 4-34　框柱钢筋量查看

此外还可以查看钢筋三维效果图，选中构件，点击【钢筋三维】，可以查看所定义钢筋是否正确，如图4-35所示。

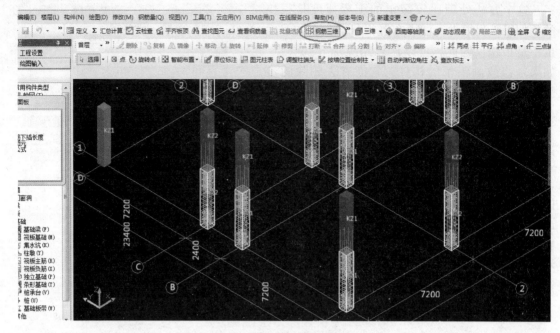

图 4-35　框柱钢筋三维查看

第四节　梁构件的绘制

一、梁构件定义

首先点击模块导航栏里面的【梁】，并选择下面的梁构件，这样就可以定义并绘制梁了。

例如：我们定义 KL1，其他的梁构件暂时不考虑，按图样所示输入钢筋种类、根数、级别等信息，如图 4-36 所示。

二、梁的绘制

完成 KL1 定义，点击【绘图】，进入绘图界面。

首先画 KL-1，KL-1 是一个弧形梁。绘制弧形构件，软件一共提供了六种方法，逆小弧、顺小弧、逆大弧、顺大弧、三点画弧、起点圆心终点画弧，如图 4-37 所示。

	属性名称	属性值	附加
1	名称	KL1	
2	类别	楼层框架梁	☐
3	截面宽度 (mm)	250	☐
4	截面高度 (mm)	800	☐
5	轴线距梁左边线距离 (mm)	(125)	☐
6	跨数量	3	☐
7	箍筋	Φ8@100/200 (2)	☐
8	肢数	2	
9	上部通长筋	2Φ22	☐
10	下部通长筋	4Φ20	☐
11	侧面构造或受扭筋(总配筋值)	G4Φ12	☐
12	拉筋	(Φ6)	
13	其他箍筋		
14	备注		☐
15	⊞ 其他属性		
23	⊞ 锚固搭接		
36	⊞ 显示样式		

图 4-36　框架梁构件属性

这里面的顺和逆,就是顺时针和逆时针的意思。画弧的方向,决定了顺时针和逆时针的选用,黑色的箭头指示了画图的方向,顺时针和逆时针的区别如图 4-38 所示。

图 4-37 弧形梁画法

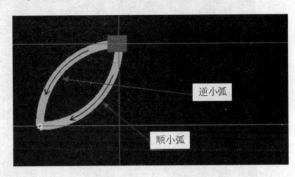

图 4-38 顺小弧与逆小弧

逆大弧、顺大弧两种画法的意思主要是弧度大于 180°,即所画弧形超过半圆,其余同上。

三点画弧和起点圆心终点画弧这两种方式均来源于 CAD。

例如:经读图发现 KL-1 是一弧度为 90°、外边线半径为 2500mm 的弧。而做法就是先画出一个中线半径为 2500mm 的弧,然后进行偏移就能得到。具体步骤如下:

(1) 做辅轴线。通过视图发现,弧的下端没有端点,所以必须做辅助轴线才能得到。

首先在辅助轴线工具栏中选择【平行辅轴】命令,然后点击所要偏移的轴线,就是④轴,然后在弹出对话框中,输入 - 2500,点击【确定】,如图 4-39 所示。辅助轴线就画好了,如图 4-40 所示。

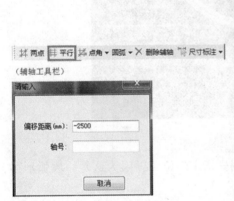

图 4-39 平行辅轴

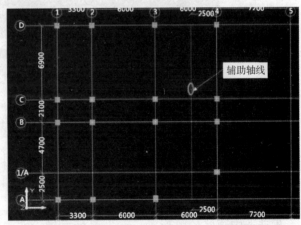

图 4-40 辅轴

对于偏移轴线的距离,有正负之分。正的是向上向右,负的为向下向左。这和平面直角坐标系是相互吻合的。

(2) 画梁。完成了前期的准备工作,下面开始正式画梁。选中【逆小弧】,并在后面的对话框输入 2500。点击弧形梁所在的两点,这样就完成了梁的弧形部分的绘制,如图 4-41 所示。

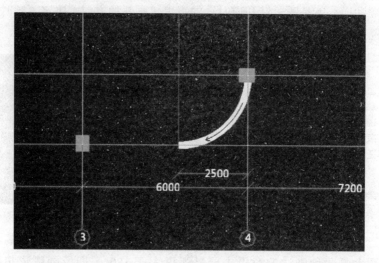

图 4-41　弧形梁

选择【直线绘图】命令，点击③轴和Ⓐ轴的交点，这样弧形梁就画上了。完整的弧形梁如图 4-42 所示。

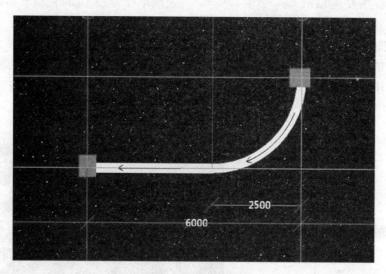

图 4-42　完整弧形梁

（3）偏移。画完 KL-1 以后，发现 KL-1 并不是图样指定的位置，因为这是一段弧形梁，所以需要使用偏移命令将其调整到原有的位置。

框选选中画好的弧形梁，点击鼠标左键，在弹出的功能列表中选择偏移，如图 4-43 所示。

然后将鼠标移动到弧的内侧，在对话框里面输入 125，如图 4-44 所示。

点击【回车】以后软件提问是否删除原来的图元，选择【是】。这样就彻底地完成了 KL-1 的绘制，完成的结果如图 4-45 所示。

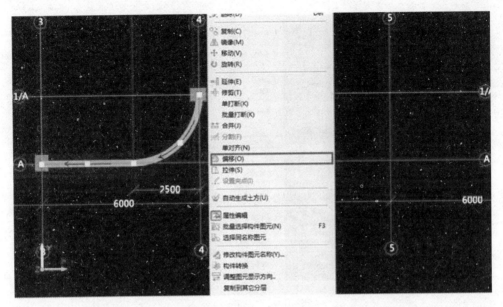

图 4-43 框架梁偏移命令

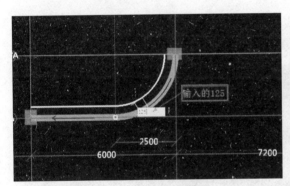

图 4-44 框架梁偏移距离

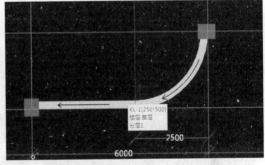

图 4-45 偏移后的框架梁

在定义 KL-1 的时候一定要在附加里面将梁的尺寸打钩，这样看见相同尺寸的梁就能够复制了。

三、绘制其他梁

KL-2 绘制时，只要复制 KL-1 软件会自动生成 KL-2，然后将它的属性修改成 KL-2 的属性值，就可以绘制 KL-2 了。

选择【直线】，点击Ⓐ轴和①轴以及Ⓐ轴和③轴的两个交点，这样就完成了梁的绘制。但是会发现 KL-2 的位置并不正确，应该让 KL 2 的外边和柱子的外边平齐。这可以运用【单对齐】命令完成。

选中 KL-2，点击鼠标右键，选择【单对齐】命令（或在修改命令中选择），如图 4-46 所示。

【单对齐】命令的应用，先点击对齐构件的位置，然后点击被对齐构件。这样就完

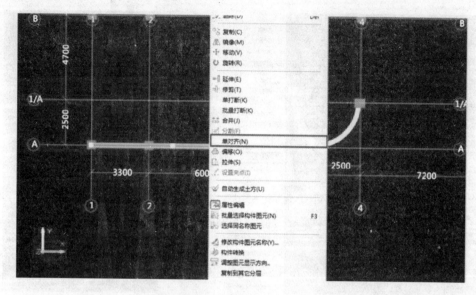

图 4-46　单对齐命令

成了。

在如图 4-47 所示的状态下，先点击柱子边线，然后点击梁边线，这样就完成了 KL-2 的绘制。框架梁对齐如图 4-47 所示，框架梁对齐后效果如图 4-48 所示。

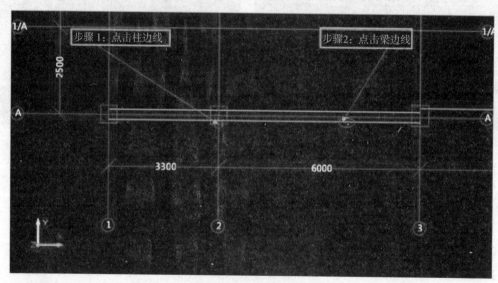

图 4-47　框架梁对齐

因为 KL-3 的截面尺寸和 KL-1 是一样的，所以复制 KL-1 就是用最快捷的方法定义了 KL-3。

然后按照前文讲的方法进行绘制和对齐，这样就完成了 KL-3 的绘制。需要注意的是，在捕捉 1/Ⓐ轴和Ⓐ轴的交点的时候，不要捕捉成 KL-5 的对角线交点。绘制完成后效果如图 4-49 所示。

按照以上方法，依次绘制其他梁，完成的三维图如图 4-50 所示。

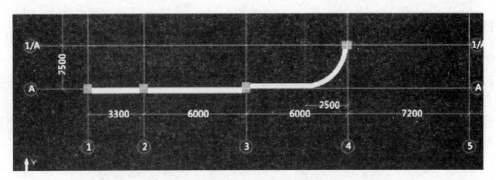

图 4-48　框架梁对齐后效果

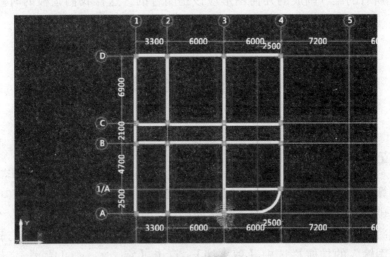

图 4-49　绘制完成后效果

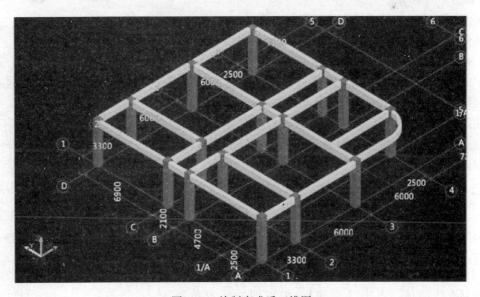

图 4-50　绘制完成后三维图

四、梁画法要点

梁的画法，在实际操作中的技巧有以下几点：

（1）画完一个梁，就要把它放到正确的位置，不要等到所有的梁都画完了再弄（主要指的是单对齐），这样不仅要多看一遍图样，而且增加了对延伸功能的操作数量。

（2）尽量不要先定义然后画梁，这样也要多看一遍图样。将定义和绘制变成一个统一的步骤。

（3）注意捕捉点，需要建立梁和柱子的关系，选择轴线的交点。需要建立梁和梁的关系，捕捉垂点。

（4）画完所有的梁，围成的几何图形应该是闭合的，这样我们画板的时候，用点画才比较方便。

第五节 墙构件

一、定义墙构件

BIM 钢筋算量软件中，墙构件分为混凝土材质的剪力墙和砌体墙。砌体墙主要用来计算墙体拉结筋用的，而剪力墙是钢筋混凝土构件，下面重点讲一下剪力墙的绘制。

首先在绘图输入的导航栏选中【剪力墙】，点击【定义】，如图 4-51 所示。

按图样要求进行剪力墙属性设置，如图 4-52 所示。

从图 4-52 可知剪力墙厚度 300mm，画图时沿轴线居左墙皮 150mm。水平分布钢筋两排，钢筋型号为三级，钢筋直径 12mm，间距为 200mm。垂直分布钢筋两排，钢筋型号为三级钢筋，直径 12mm，间距为 200mm。

注意，此种情况下，水平分布钢筋与垂直分布钢筋层数、钢筋型号、钢筋直径、钢筋间距都是一样的，被称为双层双向布置。

二、墙构件绘制

定义完成后，点击【绘图】进入绘图界面。剪力墙直接绘图方法主要有三种，【直线】、【点加长度】、【三点画弧】，分别用于绘制不同形状的剪力墙，如图 4-53 所示。

绘制直线墙体，点击【直线】，根据图样所示布局，按画直线的方法绘制，如图 4-54 所示。

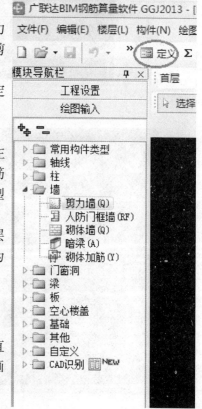

图 4-51 墙构件定义

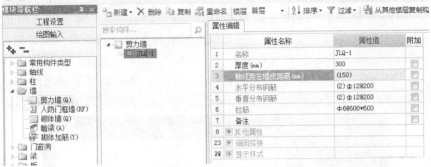

图 4-52　剪力墙属性设置

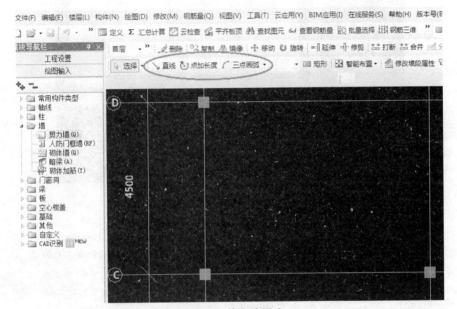

图 4-53　剪力墙画法

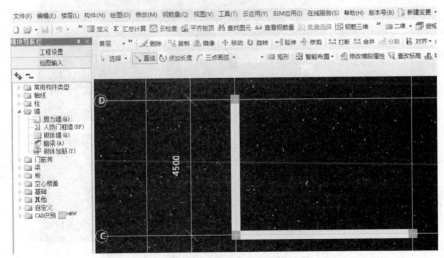

图 4-54　剪力墙直线画法

有时候墙体不一定正好被捕捉到，而画辅助轴线又使图显得比较乱，此时可以使用【点加长度】，对长度进行任意值定义。

首先点击【点加长度】，选择起始点和终点进行直线绘制，确定后会弹出窗口，如图 4-55 所示。其中长度（mm）的意义为沿直线方向从起点开始的距离，是对起点、终点之间距离的修正，如：输入 1800，无论起点与终点之间的距离是多少，绘制的墙体从起点到终点长度都是 1800mm。反向延伸长度（mm）的意义是，从起点开始到与终点相反方向的长度，如：输入 2000，从起点开始就会反向延长 2000mm。点加长度的画法如图 4-56 所示。

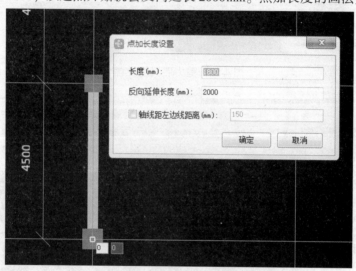

图 4-55 点加长度设置

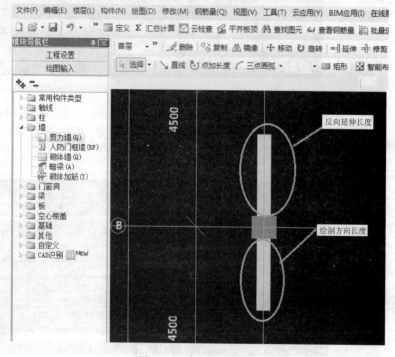

图 4-56 点加长度画法

【三点画弧】，原理是根据三点确定一个圆形的原则来绘制的，绘制时只要点击三点，就会以此三点绘制弧形墙体，如图 4-57 所示。

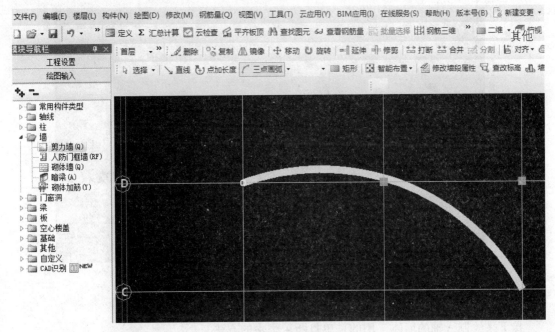

图 4-57　三点画弧画法

三、墙体修改命令

墙体中有两种修改命令很重要，【修剪】命令和【单打断】命令。

1. 修剪命令

首先画上一段墙做一条辅助轴线，如图 4-58 所示。

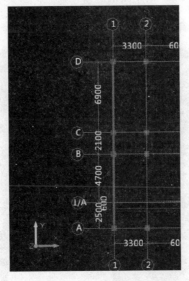

图 4-58　辅助轴线

选择【修剪】命令，点击选择刚才绘制的辅助轴线，点击多余不要的墙。绘制的效果如图 4-59 所示。

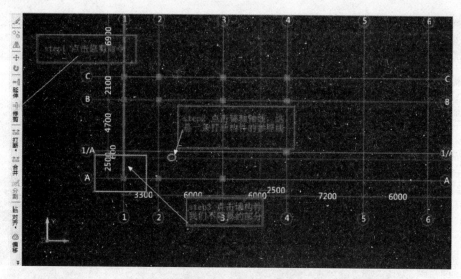

图 4-59　修剪命令

2. 单打断命令

接下来绘制Ⓐ轴的墙体，用的是单打断 + 删除的方法。

在①轴和③轴之间绘制一段完整的墙，如图 4-60 所示。

图 4-60　完整墙体

选中这段墙，然后执行【单打断】命令，如图 4-61 所示。

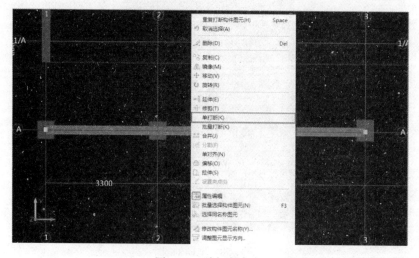

图 4-61　单打断命令

输入偏移量，指定打断点（捕捉②轴向左 1400mm 的点），如图 4-62 所示。
点击【确定】完成单打断，删除多余的部分，完成的墙体效果如图 4-63 所示。

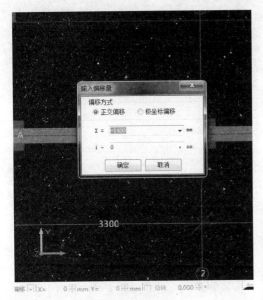

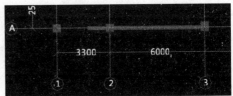

图 4-62　偏移输入　　　　　　　　　　　图 4-63　删除墙体

四、查看结果

绘制完成后，点击【汇总计算】，选中构件可以查看其三维钢筋图形，如图 4-64 所示。

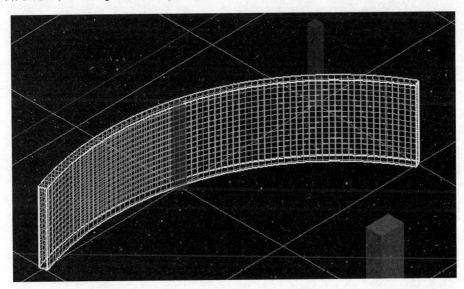

图 4-64　弧形墙三维钢筋图形

查看钢筋工程量，如图 4-65 所示。

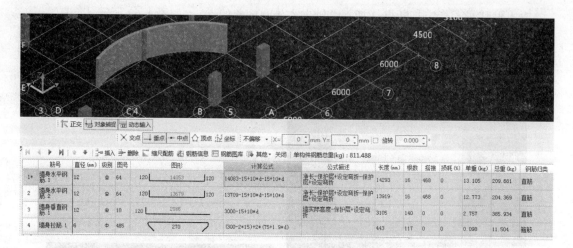

图 4-65　弧形墙钢筋工程量查看

第六节　板构件

一、板构件定义与绘制

1. 板构件定义

在绘图输入的导航栏选中【现浇板】，点击【定义】，如图 4-66 所示。

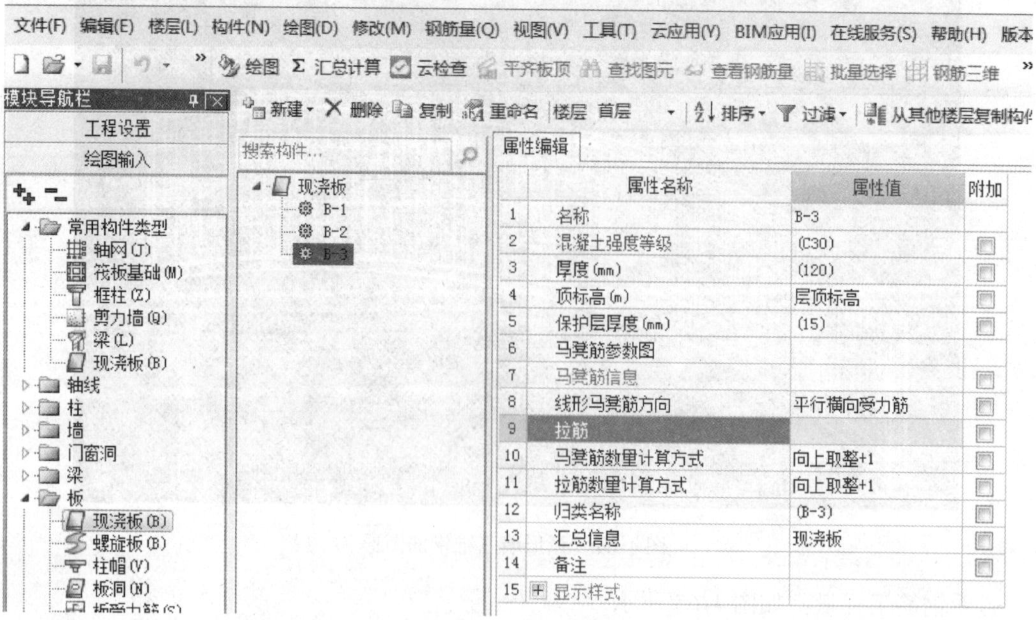

图 4-66　板构件属性

2. 绘制板

板构件属于面式构件，其绘制方式有【点】、【直线】、【三点画弧】三种，可以根据具体情况选用不同的绘制方法，如图 4-67 所示。

（1）【点】式画法，主要用于框架梁已完成，在框架梁构件围成的空白位置点击，板就会自动充满梁所围成的区域，但是要求梁围成的空白位置必须是封闭空间。

（2）【直线】式画法，不受梁的限制，但是需要捕捉主轴网或辅助轴网的交点，连续画直线围成板的面积。

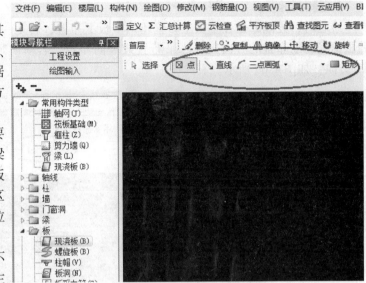

图 4-67　板构件画法

（3）【三点画弧】式画法，类似于【直线】式画法，主要用于绘制带有弧形的板。

二、受力筋的定义与绘制

1. 受力筋的定义

不同于梁、柱、剪力墙构件，板构件的钢筋需要单独定义与绘制。受力筋分为底筋和面筋两类，其定义如图 4-68 所示。

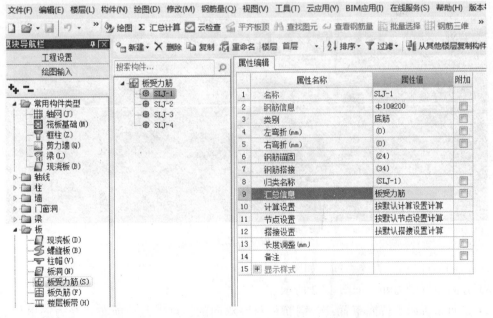

图 4-68　板受力筋属性

2. 受力筋绘制

绘制时，先判断是在单板上布置还是多板上布置，若是一块板上布置单击【单板】，然后根据受力筋布置的方向选择水平布置或竖向布置，若横向竖向都是此种类型钢筋则选择 XY 方向，如图 4-69 所示。

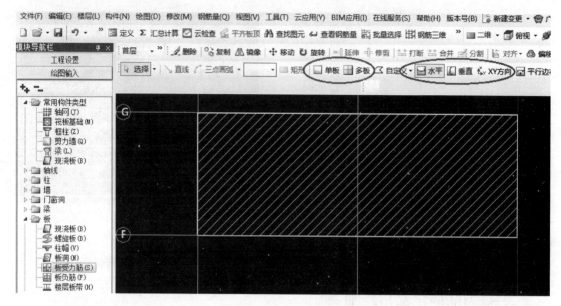

图 4-69　板受力筋画法

水平布置（X 方向）受力筋，如图 4-70 所示。

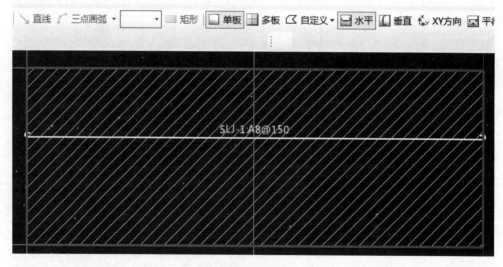

图 4-70　板受力筋水平布置

垂直（Y 方向）布置受力筋，如图 4-71 所示。

XY 方向布置受力筋，如图 4-72 所示。

XY 方向布置属于智能布置，若钢筋是双层双向的，点击此功能布置受力筋更加简单，如图 4-73 所示。

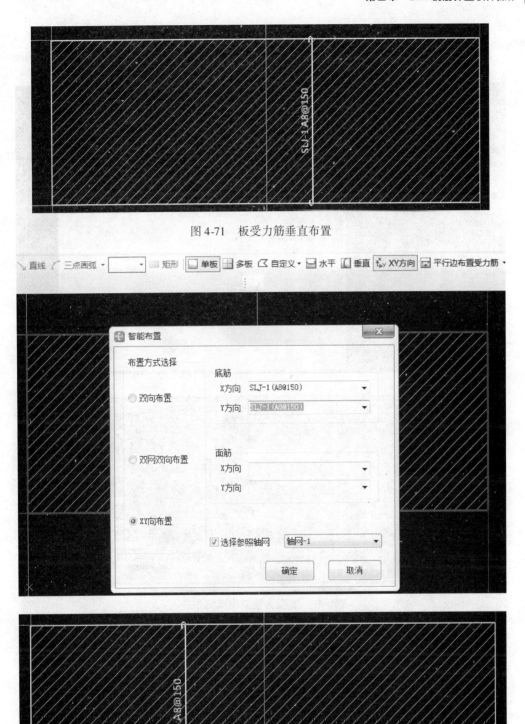

图 4-71   板受力筋垂直布置

图 4-72   板受力筋 XY 方向布置

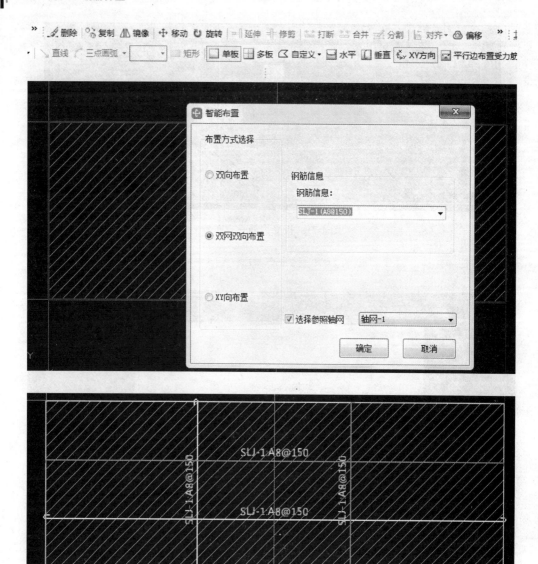

图 4-73　板受力筋双层双向布置

三、板负筋定义与绘制

1. 板负筋定义

板负筋的定义如图 4-74 所示。

2. 板负筋的绘制

板负筋的布置分为【按梁布置】、【按墙布置】、【按板边布置】、【画线布置】四种绘制方式，如图 4-75 所示。

例如：选择【按板边布置】，选择板边，左键选择左边在板边的那一侧，就会按定义布置板负筋，如图 4-76 所示。

图 4-74　板负筋属性

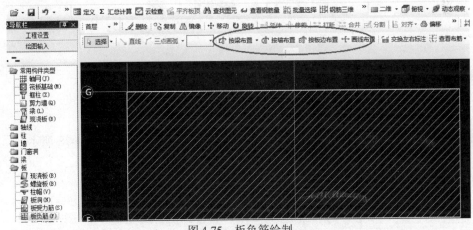

图 4-75　板负筋绘制

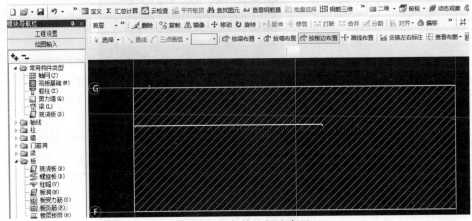

图 4-76　板负筋按板边布置

四、分布筋的处理

板的分布筋不会在绘图时体现，一般在工程设置时进行定义，软件自动判断分布筋布筋范围，如果忘记了定义分布筋，可以返回到工程设置——计算设置——板中重新对分布筋规格型号以及搭接等数据进行定义，如图 4-77 所示。

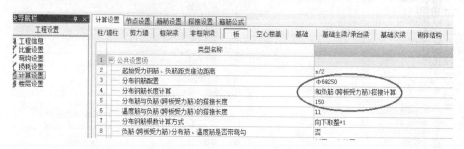

图 4-77　分布筋设置

第七节　基础工程

一、独立基础定义与绘制

1. 定义

在导航栏中选中【独立基础】，点击【定义】，进入定义界面，如图 4-78 所示。

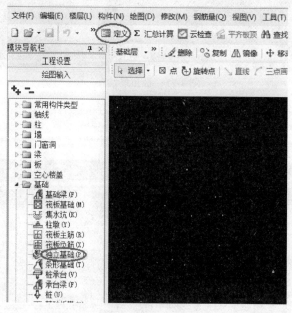

图 4-78　独立基础定义

点击新建【独立基础】，再点击新建【参数化独立基础单元】，定义独立基础尺寸，完成后点击【确定】，如图 4-79 所示。

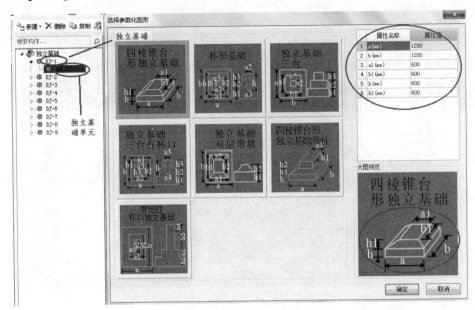

图 4-79　独立基础选型

然后根据图样中配筋，输入基础底板纵向钢筋和横向钢筋，如图 4-80 所示。

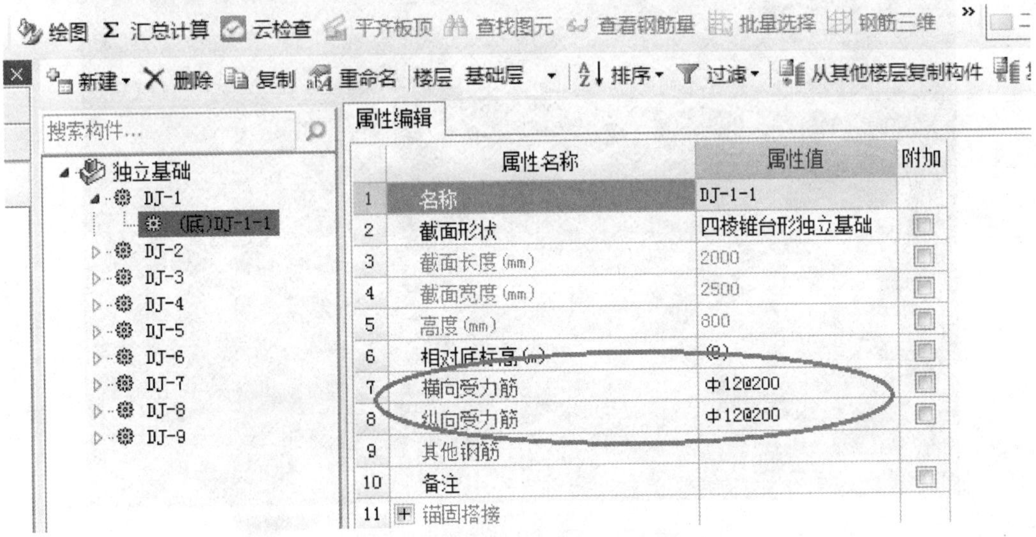

图 4-80　独立基础底板受力筋设置

2. 独立基础绘制

完成定义后点击【绘图】，进入绘图界面，单击【点】进行绘制构件即可，如图 4-81 所示。

点击【汇总计算】后，选中独立基础构件，点击【钢筋三维】，可以查看基础钢筋的三维图，以检查布筋是否正确，如图 4-82 所示。

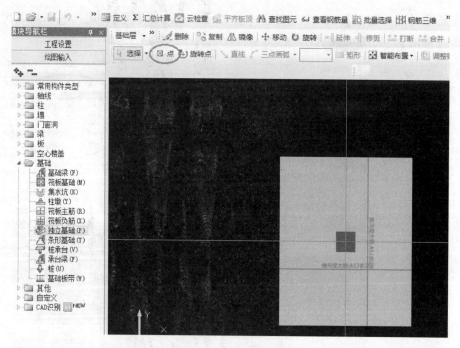

图 4-81　独立基础绘制

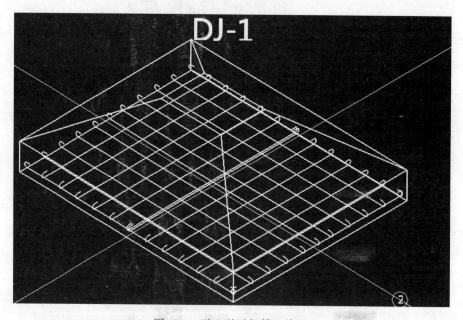

图 4-82　独立基础钢筋三维图

　　若基础为二阶、三阶等独立基础，绘制时，只需多建一个和两个独立基础单元即可，这里不做赘述。

二、筏板基础定义与绘制

　　筏板基础属于面式构件，其画法类似于板。

1. 定义

筏板基础的定义，如图 4-83 所示。

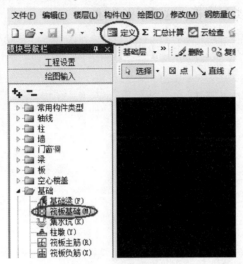

图 4-83 筏板基础定义

输入板厚、混凝土强度等级、标高等信息，完成后点击【确定】。这里值得注意的是马凳筋的布设与输入，如图 4-84 所示。

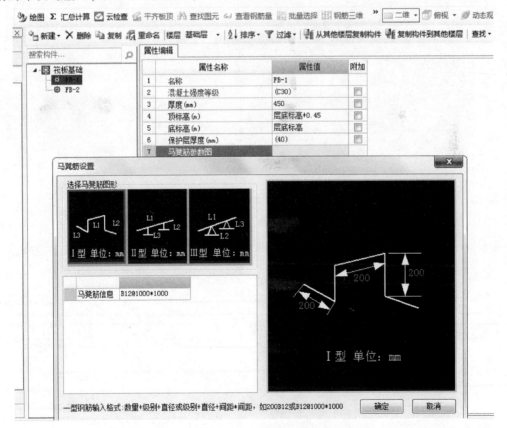

图 4-84 筏板基础属性输入

2. 筏板基础绘制

点击【绘图】，进入绘图界面。其余步骤根据图样要求绘制面式构件，绘制完成后要绘制筏板主筋和筏板负筋，类似于板，这里不做赘述。

第五章　BIM 钢筋算量实例

某工程图样，如图 5-1～图 5-11 所示（见插页），计算该工程基础层、地下一层及首层各构件钢筋工程量。运用软件计算工程量，具体步骤如下：

第一步，熟悉图样。

（1）该工程共有几层，各层层高是多少？

（2）首层底标高是多少，抗震等级是多少？

（3）该工程有没有柱表，有多少种柱？

（4）该工程有多少种梁、板？

（5）熟悉该工程的基础形式。

（6）熟悉零星钢筋。

第二步，熟悉钢筋软件。钢筋软件通过画图方式建立建筑物的计算模型，根据内置的计算规则实现自动扣减，综合考虑了平法系列图集、结构设计规范、施工验收规范以及常见的钢筋施工工艺，能够满足不同的钢筋计算要求。不仅能够完整地计算工程的钢筋总量，而且能够根据工程要求按照结构类型的不同、楼层的不同、构件的不同，计算出各自的钢筋明细量。

第三步，图样信息录入。图样信息录入有两种方法：

（1）在软件中重新绘制各类构件，操作方法见第四章。

（2）若工程有 CAD 图样，那么录入图样信息将会大大简化，其具体步骤如下：

1）导入 CAD 图。

①在"CAD 草图"下"图样文件列表"添加图样，并可以通过整理图样功能实现自动分割图样，分割完毕后可使用"定位图"样统一定位。

②在"CAD 草图"下"图样楼层对照表"中实现楼层与分割好的图样进行对应。

2）进行识别。

①以识别轴网为例讲解，首先选择分割好的图样，通过提取轴线、提取轴线标识，最后识别轴网即可完成轴网的识别。

②其他的构件也是如此，都是需要提取线、提取标识，最后识别就可以了。

第四步，钢筋工程结果导出。绘制完成整个工程后，点击【汇总计算】，计算完成就可以通过软件的【批量导出】功能，把计算结果进行导出。导出的结果见基础层、地下一层及首层各构件钢筋工程量表。

基础层、地下一层及首层各构件钢筋工程量表

楼层名称:基础层(绘图输入)   钢筋总重:7968.173kg

筋号	级别	直径	钢筋图形	计算公式	根数	总根数	单长 m	总长 m	总重 kg
构件名称:KZ1[183]				构件数量:3			本构件钢筋重:75.586kg		
构件位置:⟨1,E⟩;⟨1,D⟩;⟨1,A⟩									
B 边插筋.1	Φ	22	264 ⌐ 1393	2800/3 + 500 − 40 + max(12 * d,150)	2	6	1.657	9.942	29.627
B 边插筋.2	Φ	22	264 ⌐ 2163	2800/3 + 1 * max(35 * d, 500) + 500 − 40 + max(12 * d,150)	2	6	2.427	14.562	43.395
H 边插筋.1	Φ	22	264 ⌐ 2163	2800/3 + 1 * max(35 * d, 500) + 500 − 40 + max(12 * d,150)	2	6	2.427	14.562	43.395
H 边插筋.2	Φ	22	264 ⌐ 1393	2800/3 + 500 − 40 + max(12 * d,150)	2	6	1.657	9.942	29.627
角筋插筋.1	Φ	22	264 ⌐ 2163	2800/3 + 1 * max(35 * d, 500) + 500 − 40 + max(12 * d,150)	2	6	2.427	14.562	43.395
角筋插筋.2	Φ	22	264 ⌐ 1393	2800/3 + 500 − 40 + max(12 * d,150)	2	6	1.657	9.942	29.627
箍筋.1	Φ	10	440 ⬚ 440	2 * ((500 − 2 * 30) + (500 − 2 * 30)) + 2 * (11.9 * d) + (8 * d)	2	6	2.078	12.468	7.693
构件名称:KZ1[185]				构件数量:7			本构件钢筋重:78.662kg		
构件位置:⟨2,C⟩;⟨3,C⟩;⟨4,C⟩⟨1,B⟩;⟨2,B⟩;⟨3,B⟩;⟨4,B⟩									
B 边插筋.1	Φ	22	150 ⌐ 1593	2500/3 + 800 − 40 + max(6 * d,150)	2	14	1.743	24.402	72.718
B 边插筋.2	Φ	22	150 ⌐ 2363	2500/3 + 1 * max(35 * d, 500) + 800 − 40 + max(6 * d,150)	2	14	2.513	35.182	104.842
H 边插筋.1	Φ	22	150 ⌐ 2363	2500/3 + 1 * max(35 * d, 500) + 800 − 40 + max(6 * d,150)	2	14	2.513	35.182	104.842
H 边插筋.2	Φ	22	150 ⌐ 1593	2500/3 + 800 − 40 + max(6 * d,150)	2	14	1.743	24.402	72.718
角筋插筋.1	Φ	22	150 ⌐ 2363	2500/3 + 1 * max(35 * d, 500) + 800 − 40 + max(6 * d,150)	2	14	2.513	35.182	104.842

（续）

楼层名称：基础层（绘图输入）								钢筋总重：7968.173kg	
筋号	级别	直径	钢筋图形	计算公式	根数	总根数	单长 m	总长 m	总重 kg
构件名称：KZ1[185]				构件数量：7				本构件钢筋重：78.662kg	
构件位置：〈2,C〉；〈3,C〉；〈4,C〉〈1,B〉；〈2,B〉；〈3,B〉；〈4,B〉									
角筋插筋.2	Φ	22	150 ⌐ 1593	$2500/3 + 800 - 40 +$ $max(6*d,150)$	2	14	1.743	24.402	72.718
箍筋.1	Φ	10	440 440	$2*((500-2*30)+$ $(500-2*30))+$ $2*(11.9*d)+(8*d)$	2	14	2.078	29.092	17.95
构件名称：KZ1a[193]				构件数量：2				本构件钢筋重：75.586kg	
构件位置：〈2,E〉；〈3,E〉									
B 边插筋.1	Φ	22	264 ⌐ 1393	$2800/3 + 500 - 40 +$ $max(12*d,150)$	2	4	1.657	6.628	19.751
B 边插筋.2	Φ	22	264 ⌐ 2163	$2800/3 + 1*max(35*d,$ $500)+500-40+$ $max(12*d,150)$	2	4	2.427	9.708	28.93
H 边插筋.1	Φ	22	264 ⌐ 2163	$2800/3 + 1*max(35*d,$ $500)+500-40+$ $max(12*d,150)$	2	4	2.427	9.708	28.93
H 边插筋.2	Φ	22	264 ⌐ 1393	$2800/3 + 500 - 40 +$ $max(12*d,150)$	2	4	1.657	6.628	19.751
角筋插筋.1	Φ	22	264 ⌐ 2163	$2800/3 + 1*max(35*d,$ $500)+500-40+$ $max(12*d,150)$	2	4	2.427	9.708	28.93
角筋插筋.2	Φ	22	264 ⌐ 1393	$2800/3 + 500 - 40 +$ $max(12*d,150)$	2	4	1.657	6.628	19.751
箍筋.1	Φ	10	440 440	$2*((500-2*30)+$ $(500-2*30))+$ $2*(11.9*d)+(8*d)$	2	4	2.078	8.312	5.129
构件名称：KZ2[195]				构件数量：9				本构件钢筋重：103.303kg	
构件位置：〈3,D〉；〈4,D〉；〈1,C〉〈5,B〉；〈6,B〉；〈2,A〉；〈3,A〉；〈4,A〉；〈5,A〉									
B 边插筋.1	Φ	25	150 ⌐ 1593	$2500/3 + 800 - 40 +$ $max(6*d,150)$	2	18	1.743	31.374	120.79
B 边插筋.2	Φ	25	150 ⌐ 2468	$2500/3 + 1*max(35*d,$ $500)+800-40+$ $max(6*d,150)$	2	18	2.618	47.124	181.427

(续)

楼层名称:基础层(绘图输入)							钢筋总重:7968.173kg		
筋号	级别	直径	钢筋图形	计算公式	根数	总根数	单长 m	总长 m	总重 kg
构件名称:KZ2[195]				构件数量:9			本构件钢筋重:103.303kg		
构件位置:⟨3,D⟩;⟨4,D⟩;⟨1,C⟩⟨5,B⟩;⟨6,B⟩;⟨2,A⟩;⟨3,A⟩;⟨4,A⟩;⟨5,A⟩									
H 边插筋.1	Φ	25	150 ⌐ 2468	$2500/3 + 1 * \max(35 * d, 500) + 800 - 40 + \max(6 * d, 150)$	2	18	2.618	47.124	181.427
H 边插筋.2	Φ	25	150 ⌐ 1593	$2500/3 + 800 - 40 + \max(6 * d, 150)$	2	18	1.743	31.374	120.79
角筋插筋.1	Φ	25	150 ⌐ 2468	$2500/3 + 1 * \max(35 * d, 500) + 800 - 40 + \max(6 * d, 150)$	2	18	2.618	47.124	181.427
角筋插筋.2	Φ	25	150 ⌐ 1593	$2500/3 + 800 - 40 + \max(6 * d, 150)$	2	18	1.743	31.374	120.79
箍筋.1	Φ	10	440 |440|	$2 * ((500 - 2 * 30) + (500 - 2 * 30)) + 2 * (11.9 * d) + (8 * d)$	2	18	2.078	37.404	23.078
构件名称:KZ2[204]				构件数量:1			本构件钢筋重:100.993kg		
构件位置:⟨6,A⟩									
B 边插筋.1	Φ	25	300 ⌐ 1393	$2800/3 + 500 - 40 + \max(12 * d, 150)$	2	2	1.693	3.386	13.036
B 边插筋.2	Φ	25	300 ⌐ 2268	$2800/3 + 1 * \max(35 * d, 500) + 500 - 40 + \max(12 * d, 150)$	2	2	2.568	5.136	19.774
H 边插筋.1	Φ	25	300 ⌐ 2268	$2800/3 + 1 * \max(35 * d, 500) + 500 - 40 + \max(12 * d, 150)$	2	2	2.568	5.136	19.774
H 边插筋.2	Φ	25	300 ⌐ 1393	$2800/3 + 500 - 40 + \max(12 * d, 150)$	2	2	1.693	3.386	13.036
角筋插筋.1	Φ	25	300 ⌐ 2268	$2800/3 + 1 * \max(35 * d, 500) + 500 - 40 + \max(12 * d, 150)$	2	2	2.568	5.136	19.774
角筋插筋.2	Φ	25	300 ⌐ 1393	$2800/3 + 500 - 40 + \max(12 * d, 150)$	2	2	1.693	3.386	13.036
箍筋.1	Φ	10	440 |440|	$2 * ((500 - 2 * 30) + (500 - 2 * 30)) + 2 * (11.9 * d) + (8 * d)$	2	2	2.078	4.156	2.564

（续）

楼层名称:基础层(绘图输入)								钢筋总重:7968.173kg		
筋号	级别	直径	钢筋图形	计算公式	根数	总根数	单长 m	总长 m	总重 kg	
构件名称:KZ2a[205]				构件数量:2				本构件钢筋重:103.303kg		
构件位置:⟨5,C⟩;⟨6,C⟩										
B 边插筋.1	Φ	25	150⌐ 1593	$2500/3 + 800 - 40 + \max(6 * d, 150)$	2	4	1.743	6.972	26.842	
B 边插筋.2	Φ	25	150⌐ 2468	$2500/3 + 1 * \max(35 * d, 500) + 800 - 40 + \max(6 * d, 150)$	2	4	2.618	10.472	40.317	
H 边插筋.1	Φ	25	150⌐ 2468	$2500/3 + 1 * \max(35 * d, 500) + 800 - 40 + \max(6 * d, 150)$	2	4	2.618	10.472	40.317	
H 边插筋.2	Φ	25	150⌐ 1593	$2500/3 + 800 - 40 + \max(6 * d, 150)$	2	4	1.743	6.972	26.842	
角筋插筋.1	Φ	25	150⌐ 2468	$2500/3 + 1 * \max(35 * d, 500) + 800 - 40 + \max(6 * d, 150)$	2	4	2.618	10.472	40.317	
角筋插筋.2	Φ	25	150⌐ 1593	$2500/3 + 800 - 40 + \max(6 * d, 150)$	2	4	1.743	6.972	26.842	
箍筋.1	Φ	10	440 | 440 ⌷	$2 * ((500 - 2 * 30) + (500 - 2 * 30)) + 2 * (11.9 * d) + (8 * d)$	2	4	2.078	8.312	5.129	
构件名称:KZ2b[207]				构件数量:1				本构件钢筋重:103.303kg		
构件位置:⟨5,D⟩										
B 边插筋.1	Φ	25	150⌐ 1593	$2500/3 + 800 - 40 + \max(6 * d, 150)$	2	2	1.743	3.486	13.421	
B 边插筋.2	Φ	25	150⌐ 2468	$2500/3 + 1 * \max(35 * d, 500) + 800 - 40 + \max(6 * d, 150)$	2	2	2.618	5.236	20.159	
H 边插筋.1	Φ	25	150⌐ 2468	$2500/3 + 1 * \max(35 * d, 500) + 800 - 40 + \max(6 * d, 150)$	2	2	2.618	5.236	20.159	
H 边插筋.2	Φ	25	150⌐ 1593	$2500/3 + 800 - 40 + \max(6 * d, 150)$	2	2	1.743	3.486	13.421	
角筋插筋.1	Φ	25	150⌐ 2468	$2500/3 + 1 * \max(35 * d, 500) + 800 - 40 + \max(6 * d, 150)$	2	2	2.618	5.236	20.159	

（续）

楼层名称:基础层(绘图输入)							钢筋总重:7968.173kg		
筋号	级别	直径	钢筋图形	计算公式	根数	总根数	单长 m	总长 m	总重 kg
构件名称:KZ2b[207]				构件数量:1			本构件钢筋重:103.303kg		
构件位置:〈5,D〉									
角筋插筋.2	Φ	25	150 ⌐ 1593	$2500/3 + 800 - 40 + max(6*d,150)$	2	2	1.743	3.486	13.421
箍筋.1	Φ	10	440 440	$2*((500-2*30) + (500-2*30)) + 2*(11.9*d) + (8*d)$	2	2	2.078	4.156	2.564
构件名称:KZ2b[208]				构件数量:1			本构件钢筋重:100.993kg		
构件位置:〈6,D〉									
B 边插筋.1	Φ	25	300 ⌐ 1393	$2800/3 + 500 - 40 + max(12*d,150)$	2	2	1.693	3.386	13.036
B 边插筋.2	Φ	25	300 ⌐ 2268	$2800/3 + 1*max(35*d, 500) + 500 - 40 + max(12*d,150)$	2	2	2.568	5.136	19.774
H 边插筋.1	Φ	25	300 ⌐ 2268	$2800/3 + 1*max(35*d, 500) + 500 - 40 + max(12*d,150)$	2	2	2.568	5.136	19.774
H 边插筋.2	Φ	25	300 ⌐ 1393	$2800/3 + 500 - 40 + max(12*d,150)$	2	2	1.693	3.386	13.036
角筋插筋.1	Φ	25	300 ⌐ 2268	$2800/3 + 1*max(35*d, 500) + 500 - 40 + max(12*d,150)$	2	2	2.568	5.136	19.774
角筋插筋.2	Φ	25	300 ⌐ 1393	$2800/3 + 500 - 40 + max(12*d,150)$	2	2	1.693	3.386	13.036
箍筋.1	Φ	10	440 440	$2*((500-2*30) + (500-2*30)) + 2*(11.9*d) + (8*d)$	2	2	2.078	4.156	2.564
构件名称:KZ3[209]				构件数量:1			本构件钢筋重:104.543kg		
构件位置:〈2,D〉									
B 边插筋.1	Φ	25	150 ⌐ 1593	$2500/3 + 800 - 40 + max(6*d,150)$	2	2	1.743	3.486	13.421
B 边插筋.2	Φ	25	150 ⌐ 2468	$2500/3 + 1*max(35*d, 500) + 800 - 40 + max(6*d,150)$	2	2	2.618	5.236	20.159

（续）

楼层名称:基础层(绘图输入)							钢筋总重:7968.173kg		
筋号	级别	直径	钢筋图形	计算公式	根数	总根数	单长 m	总长 m	总重 kg
构件名称:KZ3[209]				构件数量:1			本构件钢筋重:104.543kg		
构件位置:〈2,D〉									
H 边插筋.1	Φ	25	150⌐2468	$2500/3 + 1 * max(35 * d, 500) + 800 - 40 + max(6 * d, 150)$	2	2	2.618	5.236	20.159
H 边插筋.2	Φ	25	150⌐1593	$2500/3 + 800 - 40 + max(6 * d, 150)$	2	2	1.743	3.486	13.421
角筋插筋.1	Φ	25	150⌐2468	$2500/3 + 1 * max(35 * d, 500) + 800 - 40 + max(6 * d, 150)$	2	2	2.618	5.236	20.159
角筋插筋.2	Φ	25	150⌐1593	$2500/3 + 800 - 40 + max(6 * d, 150)$	2	2	1.743	3.486	13.421
箍筋.1	Φ	12	440[440]	$2 * ((500 - 2 * 30) + (500 - 2 * 30)) + 2 * (11.9 * d) + (8 * d)$	2	2	2.142	4.284	3.804
构件名称:DL[288]				构件数量:6			本构件钢筋重:149.78kg		
构件位置:〈1,B-750〉〈1,C+749〉;〈2,B-749〉〈2,C+750〉;〈3,B-749〉〈3,C+750〉;〈4,B-749〉〈4,C+750〉;〈5,B-749〉〈5,C+750〉;〈6,B-749〉〈6,C+750〉									
0 跨.下通长筋1	Φ	20	240⌐3820⌐240	$-40 + 12 * d + 3900 - 40 + 12 * d$	4	24	4.3	103.2	254.904
0 跨.上通长筋1	Φ	20	240⌐3820⌐240	$-40 + 12 * d + 3900 - 40 + 12 * d$	4	24	4.3	103.2	254.904
0 跨.箍筋1	Φ	8	520[520]	$2 * ((600 - 2 * 40) + (600 - 2 * 40)) + 2 * (11.9 * d) + (8 * d)$	6	36	2.334	84.024	33.189
0 跨.箍筋2	Φ	8	520[187]	$2 * (((600 - 2 * 40 - 20)/3 * 1 + 20) + (600 - 2 * 40)) + 2 * (11.9 * d) + (8 * d)$	6	36	1.668	60.048	23.719
1 跨.箍筋1	Φ	8	520[520]	$2 * ((600 - 2 * 40) + (600 - 2 * 40)) + 2 * (11.9 * d) + (8 * d)$	5	30	2.334	70.02	27.658
1 跨.箍筋2	Φ	8	520[187]	$2 * (((600 - 2 * 40 - 20)/3 * 1 + 20) + (600 - 2 * 40)) + 2 * (11.9 * d) + (8 * d)$	5	30	1.668	50.04	19.766

（续）

楼层名称:基础层(绘图输入)								钢筋总重:7968.173kg		
筋号	级别	直径	钢筋图形	计算公式	根数	总根数	单长 m	总长 m	总重 kg

构件名称:DL[288]		构件数量:6			本构件钢筋重:149.78kg

构件位置:〈1,B−750〉〈1,C+749〉;〈2,B−749〉〈2,C+750〉;〈3,B−749〉〈3,C+750〉;〈4,B−749〉〈4,C+750〉;
〈5,B−749〉〈5,C+750〉;〈6,B−749〉〈6,C+750〉

筋号	级别	直径	钢筋图形	计算公式	根数	总根数	单长 m	总长 m	总重 kg
1 跨.箍筋3	Φ	8	520 520	$2*((600-2*40)+(600-2*40))+2*(11.9*d)+(8*d)$	19	114	2.334	266.076	105.1
1 跨.箍筋4	Φ	8	520 187	$2*(((600-2*40-20)/3*1+20)+(600-2*40))+2*(11.9*d)+(8*d)$	19	114	1.668	190.152	75.11
2 跨.箍筋1	Φ	8	520 520	$2*((600-2*40)+(600-2*40))+2*(11.9*d)+(8*d)$	5	30	2.334	70.02	27.658
2 跨.箍筋2	Φ	8	520 187	$2*(((600-2*40-20)/3*1+20)+(600-2*40))+2*(11.9*d)+(8*d)$	5	30	1.668	50.04	19.766
2 跨.箍筋3	Φ	8	520 520	$2*((600-2*40)+(600-2*40))+2*(11.9*d)+(8*d)$	6	36	2.334	84.024	33.189
2 跨.箍筋4	Φ	8	520 187	$2*(((600-2*40-20)/3*1+20)+(600-2*40))+2*(11.9*d)+(8*d)$	6	36	1.668	60.048	23.719

构件名称:DJ-3[216]		构件数量:6			本构件钢筋重:376.052kg

构件位置:〈1,C−1200〉;〈2,C−1200〉;〈3,C−1200〉;〈4,C−1200〉;〈6,C−1200〉;〈5,C−1200〉

筋号	级别	直径	钢筋图形	计算公式	根数	总根数	单长 m	总长 m	总重 kg
DJ-3-1. 横向底筋.1	Φ	14	4920	$5000-40-40$	2	12	4.92	59.04	71.438
DJ-3-1. 横向底筋.2	Φ	14	4500	$0.9*5000$	18	108	4.5	486	588.06
DJ-3-1. 横向底筋.3	Φ	14	944	$550+434-40$	6	36	0.944	33.984	41.121
DJ-3-1. 横向底筋.4	Φ	14	944	$550+434-40$	6	36	0.944	33.984	41.121
DJ-3-1. 横向底筋.5	Φ	18	4920	$5000-40-40$	2	12	4.92	59.04	118.08

（续）

楼层名称:基础层（绘图输入）							钢筋总重:7968.173kg			
筋号	级别	直径	钢筋图形	计算公式	根数	总根数	单长 m	总长 m	总重 kg	
构件名称:DJ-3〔216〕			构件数量:6				本构件钢筋重:376.052kg			
构件位置:〈1,C-1200〉;〈2,C-1200〉;〈3,C-1200〉;〈4,C-1200〉;〈6,C-1200〉;〈5,C-1200〉										
DJ-3-1. 横向底筋.6	Φ	18	4500	0.9 * 5000	2	12	4.5	54	108	
DJ-3-1. 纵向底筋.1	Φ	16	2520	2600-40-40	2	12	2.52	30.24	47.779	
DJ-3-1. 纵向底筋.2	Φ	16	2340	0.9 * 2600	48	288	2.34	673.92	1064.794	
DJ-3-2. 横向底筋.1	Φ	18	3820	3900-40-40	2	12	3.82	45.84	91.68	
DJ-3-2. 横向底筋.2	Φ	18	3510	0.9 * 3900	2	12	3.51	42.12	84.24	
构件名称:DJ-1〔234〕			构件数量:7				本构件钢筋重:123.565kg			
构件位置:〈1,E〉;〈2,E〉;〈3,E〉;〈1,D〉;〈1,A〉;〈6,A〉;〈6,D〉										
横向底筋.1	Φ	14	2220	2300-40-40	2	14	2.22	31.08	37.607	
横向底筋.2	Φ	14	2220	2300-40-40	21	147	2.22	326.34	394.871	
纵向底筋.1	Φ	14	2220	2300-40-40	2	14	2.22	31.08	37.607	
纵向底筋.2	Φ	14	2220	2300-40-40	21	147	2.22	326.34	394.871	
构件名称:DJ-2〔254〕			构件数量:8				本构件钢筋重:184.186kg			
构件位置:〈2,D〉;〈3,D〉;〈4,D〉;〈5,D〉;〈3,A〉;〈2,A〉;〈5,A〉;〈4,A〉										
DJ-2-2. 横向底筋.1	Φ	14	2820	2900-40-40	2	16	2.82	45.12	54.595	
DJ-2-2. 横向底筋.2	Φ	14	2610	0.9 * 2900	27	216	2.61	563.76	682.15	
DJ-2-2. 纵向底筋.1	Φ	14	2820	2900-40-40	2	16	2.82	45.12	54.595	
DJ-2-2. 纵向底筋.2	Φ	14	2610	0.9 * 2900	27	216	2.61	563.76	682.15	

楼层名称：−1层（绘图输入）										钢筋总重：12293.659kg	
筋号	级别	直径	钢筋图形	计算公式	根数	总根数	单长 m	总长 m	总重 kg
构件名称：KZ1[155]				构件数量：3				本构件钢筋重：206.461kg	
构件位置：⟨1,E⟩；⟨1,D⟩；⟨1,A⟩									
B 边纵筋.1	Φ	22	3300	$3400 − 1703 + 2500/3 + 1 * max(35 * d,500)$	2	6	3.3	19.8	59.004
B 边纵筋.2	Φ	22	3300	$3400 − 933 + 2500/3$	2	6	3.3	19.8	59.004
H 边纵筋.1	Φ	22	3300	$3400 − 1703 + 2500/3 + 1 * max(35 * d,500)$	2	6	3.3	19.8	59.004
H 边纵筋.2	Φ	22	3300	$3400 − 933 + 2500/3$	2	6	3.3	19.8	59.004
角筋.1	Φ	22	3300	$3400 − 933 + 2500/3$	2	6	3.3	19.8	59.004
角筋.2	Φ	22	3300	$3400 − 1703 + 2500/3 + 1 * max(35 * d,500)$	2	6	3.3	19.8	59.004
箍筋.1	Φ	10	440 | 440	$2 * ((500 − 2 * 30) + (500 − 2 * 30)) + 2 * (11.9 * d) + (8 * d)$	28	84	2.078	174.552	107.699
箍筋.2	Φ	10	440 | 161	$2 * (((500 − 2 * 30 − 22)/3 * 1 + 22) + (500 − 2 * 30)) + 2 * (11.9 * d) + (8 * d)$	56	168	1.521	255.528	157.661
构件名称：KZ1[157]				构件数量：7				本构件钢筋重：192.991kg	
构件位置：⟨2,C⟩；⟨3,C⟩；⟨4,C⟩；⟨1,B⟩；⟨2,B⟩；⟨3,B⟩；⟨4,B⟩									
B 边纵筋.1	Φ	22	3100	$3100 − 1603 + 2500/3 + 1 * max(35 * d,500)$	2	14	3.1	43.4	129.332
B 边纵筋.2	Φ	22	3100	$3100 − 833 + 2500/3$	2	14	3.1	43.4	129.332
H 边纵筋.1	Φ	22	3100	$3100 − 1603 + 2500/3 + 1 * max(35 * d,500)$	2	14	3.1	43.4	129.332
H 边纵筋.2	Φ	22	3100	$3100 − 833 + 2500/3$	2	14	3.1	43.4	129.332
角筋.1	Φ	22	3100	$3100 − 833 + 2500/3$	2	14	3.1	43.4	129.332
角筋.2	Φ	22	3100	$3100 − 1603 + 2500/3 + 1 * max(35 * d,500)$	2	14	3.1	43.4	129.332

（续）

楼层名称：-1 层（绘图输入）							钢筋总重:12293.659kg			
筋号	级别	直径	钢筋图形	计算公式	根数	总根数	单长 m	总长 m	总重 kg	
构件名称:KZ1[157]				构件数量:7			本构件钢筋重:192.991kg			
构件位置:〈2,C〉;〈3,C〉;〈4,C〉;〈1,B〉;〈2,B〉;〈3,B〉;〈4,B〉										
箍筋.1	Φ	10	440 ⬚440	$2*((500-2*30)+$ $(500-2*30))+$ $2*(11.9*d)+(8*d)$	26	182	2.078	378.196	233.347	
箍筋.2	Φ	10	440 ⬚161	$2*(((500-2*30-22)/$ $3*1+22)+(500-2*$ $30))+2*(11.9*d)+$ $(8*d)$	52	364	1.521	553.644	341.598	
构件名称:KZ1a[165]				构件数量:2			本构件钢筋重:225.249kg			
构件位置:〈2,E〉;〈3,E〉										
B 边纵筋.1	Φ	22	3207	$3400-1703+2220/3+$ $1*max(35*d,500)$	2	4	3.207	12.828	38.227	
B 边纵筋.2	Φ	22	3207	$3400-933+2220/3$	2	4	3.207	12.828	38.227	
H 边纵筋.1	Φ	22	3207	$3400-1703+2220/3+$ $1*max(35*d,500)$	2	4	3.207	12.828	38.227	
H 边纵筋.2	Φ	22	3207	$3400-933+2220/3$	2	4	3.207	12.828	38.227	
角筋.1	Φ	22	3207	$3400-933+2220/3$	2	4	3.207	12.828	38.227	
角筋.2	Φ	22	3207	$3400-1703+2220/3+$ $1*max(35*d,500)$	2	4	3.207	12.828	38.227	
箍筋.1	Φ	10	440 ⬚440	$2*((500-2*30)+$ $(500-2*30))+$ $2*(11.9*d)+(8*d)$	35	70	2.078	145.46	89.749	
箍筋.2	Φ	10	440 ⬚161	$2*(((500-2*30-22)/$ $3*1+22)+(500-2*$ $30))+2*(11.9*d)+$ $(8*d)$	70	140	1.521	212.94	131.384	
构件名称:KZ2[167]				构件数量:9			本构件钢筋重:225.483kg			
构件位置:〈3,D〉;〈4,D〉;〈1,C〉;〈5,B〉;〈6,B〉;〈2,A〉;〈3,A〉;〈4,A〉;〈5,A〉										
B 边纵筋.1	Φ	25	3100	$3100-1708+2500/3+$ $1*max(35*d,500)$	2	18	3.1	55.8	214.83	
B 边纵筋.2	Φ	25	3100	$3100-833+2500/3$	2	18	3.1	55.8	214.83	

（续）

楼层名称：-1层（绘图输入）								钢筋总重：12293.659kg	
筋号	级别	直径	钢筋图形	计算公式	根数	总根数	单长 m	总长 m	总重 kg
构件名称：KZ2[167]				构件数量：9				本构件钢筋重：225.483kg	
构件位置：〈3,D〉；〈4,D〉；〈1,C〉；〈5,B〉；〈6,B〉；〈2,A〉；〈3,A〉；〈4,A〉；〈5,A〉									
H边纵筋.1	Φ	25	3100	$3100 - 1708 + 2500/3 + 1 * \max(35 * d, 500)$	2	18	3.1	55.8	214.83
H边纵筋.2	Φ	25	3100	$3100 - 833 + 2500/3$	2	18	3.1	55.8	214.83
角筋.1	Φ	25	3100	$3100 - 833 + 2500/3$	2	18	3.1	55.8	214.83
角筋.2	Φ	25	3100	$3100 - 1708 + 2500/3 + 1 * \max(35 * d, 500)$	2	18	3.1	55.8	214.83
箍筋.1	Φ	10	440 440	$2 * ((500 - 2 * 30) + (500 - 2 * 30)) + 2 * (11.9 * d) + (8 * d)$	26	234	2.078	486.252	300.017
箍筋.2	Φ	10	440 163	$2 * (((500 - 2 * 30 - 25)/3 * 1 + 25) + (500 - 2 * 30)) + 2 * (11.9 * d) + (8 * d)$	52	468	1.525	713.7	440.353
构件名称：KZ2[176]				构件数量：1				本构件钢筋重：241.051kg	
构件位置：〈6,A〉									
B边纵筋.1	Φ	25	3300	$3400 - 1808 + 2500/3 + 1 * \max(35 * d, 500)$	2	2	3.3	6.6	25.41
B边纵筋.2	Φ	25	3300	$3400 - 933 + 2500/3$	2	2	3.3	6.6	25.41
H边纵筋.1	Φ	25	3300	$3400 - 1808 + 2500/3 + 1 * \max(35 * d, 500)$	2	2	3.3	6.6	25.41
H边纵筋.2	Φ	25	3300	$3400 - 933 + 2500/3$	2	2	3.3	6.6	25.41
角筋.1	Φ	25	3300	$3400 - 933 + 2500/3$	2	2	3.3	6.6	25.41
角筋.2	Φ	25	3300	$3400 - 1808 + 2500/3 + 1 * \max(35 * d, 500)$	2	2	3.3	6.6	25.41
箍筋.1	Φ	10	440 440	$2 * ((500 - 2 * 30) + (500 - 2 * 30)) + 2 * (11.9 * d) + (8 * d)$	28	28	2.078	58.184	35.9
箍筋.2	Φ	10	440 163	$2 * (((500 - 2 * 30 - 25)/3 * 1 + 25) + (500 - 2 * 30)) + 2 * (11.9 * d) + (8 * d)$	56	56	1.525	85.4	52.692

（续）

楼层名称：-1层（绘图输入）							钢筋总重：12293.659kg		
筋号	级别	直径	钢筋图形	计算公式	根数	总根数	单长 m	总长 m	总重 kg
构件名称：KZ2a[177]				构件数量：2			本构件钢筋重：225.483kg		
构件位置：〈5,C〉;〈6,C〉									
B 边纵筋.1	Φ	25	3100	$3100-1708+2500/3+1*\max(35*d,500)$	2	4	3.1	12.4	47.74
B 边纵筋.2	Φ	25	3100	$3100-833+2500/3$	2	4	3.1	12.4	47.74
H 边纵筋.1	Φ	25	3100	$3100-1708+2500/3+1*\max(35*d,500)$	2	4	3.1	12.4	47.74
H 边纵筋.2	Φ	25	3100	$3100-833+2500/3$	2	4	3.1	12.4	47.74
角筋.1	Φ	25	3100	$3100-833+2500/3$	2	4	3.1	12.4	47.74
角筋.2	Φ	25	3100	$3100-1708+2500/3+1*\max(35*d,500)$	2	4	3.1	12.4	47.74
箍筋.1	Φ	10	440 440	$2*((500-2*30)+(500-2*30))+2*(11.9*d)+(8*d)$	26	52	2.078	108.056	66.671
箍筋.2	Φ	10	440 163	$2*(((500-2*30-25)/3*1+25)+(500-2*30))+2*(11.9*d)+(8*d)$	52	104	1.525	158.6	97.856
构件名称：KZ2b[179]				构件数量：1			本构件钢筋重：244.467kg		
构件位置：〈5,D〉									
B 边纵筋.1	Φ	25	3100	$3100-1708+2500/3+1*\max(35*d,500)$	2	2	3.1	6.2	23.87
B 边纵筋.2	Φ	25	3100	$3100-833+2500/3$	2	2	3.1	6.2	23.87
H 边纵筋.1	Φ	25	3100	$3100-1708+2500/3+1*\max(35*d,500)$	2	2	3.1	6.2	23.87
H 边纵筋.2	Φ	25	3100	$3100-833+2500/3$	2	2	3.1	6.2	23.87
角筋.1	Φ	25	3100	$3100-833+2500/3$	2	2	3.1	6.2	23.87
角筋.2	Φ	25	3100	$3100-1708+2500/3+1*\max(35*d,500)$	2	2	3.1	6.2	23.87

(续)

楼层名称：-1 层（绘图输入）									钢筋总重：12293.659kg		
筋号	级别	直径	钢筋图形	计算公式	根数	总根数	单长 m	总长 m	总重 kg		
构件名称：KZ2b[179]				构件数量：1				本构件钢筋重：244.467kg			
构件位置：⟨5,D⟩											
箍筋.1	Φ	10	440 ☐ 440	$2*((500-2*30)+$ $(500-2*30))+$ $2*(11.9*d)+(8*d)$	32	32	2.078	66.496	41.028		
箍筋.2	Φ	10	440 ☐ 163	$2*(((500-2*30-25)/$ $3*1+25)+(500-2*$ $30))+2*(11.9*d)+$ $(8*d)$	64	64	1.525	97.6	60.219		
构件名称：KZ2b[180]				构件数量：1				本构件钢筋重：263.199kg			
构件位置：⟨6,D⟩											
B 边纵筋.1	Φ	25	3300	$3400-1808+2500/3+$ $1*max(35*d,500)$	2	2	3.3	6.6	25.41		
B 边纵筋.2	Φ	25	3300	$3400-933+2500/3$	2	2	3.3	6.6	25.41		
H 边纵筋.1	Φ	25	3300	$3400-1808+2500/3+$ $1*max(35*d,500)$	2	2	3.3	6.6	25.41		
H 边纵筋.2	Φ	25	3300	$3400-933+2500/3$	2	2	3.3	6.6	25.41		
角筋.1	Φ	25	3300	$3400-933+2500/3$	2	2	3.3	6.6	25.41		
角筋.2	Φ	25	3300	$3400-1808+2500/3+$ $1*max(35*d,500)$	2	2	3.3	6.6	25.41		
箍筋.1	Φ	10	440 ☐ 440	$2*((500-2*30)+$ $(500-2*30))+$ $2*(11.9*d)+(8*d)$	35	35	2.078	72.73	44.874		
箍筋.2	Φ	10	440 ☐ 163	$2*(((500-2*30-25)/$ $3*1+25)+(500-2*$ $30))+2*(11.9*d)+$ $(8*d)$	70	70	1.525	106.75	65.865		
构件名称：KZ3[181]				构件数量：1				本构件钢筋重：268.312kg			
构件位置：⟨2,D⟩											
B 边纵筋.1	Φ	25	3150	$3100-1708+2650/3+$ $1*max(35*d,500)$	2	2	3.15	6.3	24.255		
B 边纵筋.2	Φ	25	3150	$3100-833+2650/3$	2	2	3.15	6.3	24.255		
H 边纵筋.1	Φ	25	3150	$3100-1708+2650/3+$ $1*max(35*d,500)$	2	2	3.15	6.3	24.255		
H 边纵筋.2	Φ	25	3150	$3100-833+2650/3$	2	2	3.15	6.3	24.255		

（续）

楼层名称：－1 层（绘图输入）								
								钢筋总重：12293.659kg
筋号	级别	直径	钢筋图形	计算公式	根数	总根数	单长 m	总长 m	总重 kg

构件名称：KZ3［181］			构件数量：1				本构件钢筋重：268.312kg	
构件位置：〈2，D〉								
角筋.1	Φ	25	3150	$3100 - 833 + 2650/3$	2	2	3.15	6.3	24.255
角筋.2	Φ	25	3150	$3100 - 1708 + 2650/3 + 1 * \max(35*d, 500)$	2	2	3.15	6.3	24.255
箍筋.1	Φ	12	440 440	$2 * ((500 - 2*30) + (500 - 2*30)) + 2*(11.9*d) + (8*d)$	26	26	2.142	55.692	49.454
箍筋.2	Φ	12	440 163	$2 * (((500 - 2*30 - 25)/3*1 + 25) + (500 - 2*30)) + 2*(11.9*d) + (8*d)$	52	52	1.588	82.576	73.327

构件名称：KL-1［305］			构件数量：3				本构件钢筋重：529.097kg	
构件位置：〈1 - 125，A - 125〉〈1 - 125，E + 125〉；〈2，A - 250〉〈2，E + 250〉；〈3，A - 250〉〈3，E + 124〉								
1 跨.上通长筋1	Φ	20	300 23850 300	$500 - 25 + 15*d + 22900 + 500 - 25 + 15*d$	3	9	24.45	220.05	543.524
1 跨.侧面构造通长筋1	Φ	12	23260	$15*d + 22900 + 15*d + 360$	2	6	23.62	141.72	125.847
1 跨.下通长筋1	Φ	20	300 23850 300	$500 - 25 + 15*d + 22900 + 500 - 25 + 15*d$	3	9	24.45	220.05	543.524
1 跨.箍筋1	Φ	8	550 200	$2 * ((250 - 2*25) + (600 - 2*25)) + 2*(11.9*d) + (8*d)$	52	156	1.754	273.624	108.081
1 跨.拉筋1	Φ	6	200	$(250 - 2*25) + 2*(75 + 1.9*d) + (2*d)$	23	69	0.385	26.565	5.897
2 跨.箍筋1	Φ	8	550 200	$2 * ((250 - 2*25) + (600 - 2*25)) + 2*(11.9*d) + (8*d)$	19	57	1.754	99.978	39.491
2 跨.拉筋1	Φ	6	200	$(250 - 2*25) + 2*(75 + 1.9*d) + (2*d)$	7	21	0.385	8.085	1.795
3 跨.箍筋1	Φ	8	550 200	$2 * ((250 - 2*25) + (600 - 2*25)) + 2*(11.9*d) + (8*d)$	52	156	1.754	273.624	108.081

（续）

楼层名称：-1 层（绘图输入） 　　　　　　　　　　　**钢筋总重：12293.659kg**

筋号	级别	直径	钢筋图形	计算公式	根数	总根数	单长 m	总长 m	总重 kg
构件名称：KL-1[305]				**构件数量：3**			**本构件钢筋重：529.097kg**		
构件位置：〈1-125,A-125〉〈1-125,E+125〉；〈2,A-250〉〈2,E+250〉；〈3,A-250〉〈3,E+124〉									
3跨.拉筋1	Φ	6	200	$(250-2*25)+2*(75+1.9*d)+(2*d)$	23	69	0.385	26.565	5.897
4跨.箍筋1	Φ	8	550 200	$2*((250-2*25)+(600-2*25))+2*(11.9*d)+(8*d)$	48	144	1.754	252.576	99.768
4跨.拉筋1	Φ	6	200	$(250-2*25)+2*(75+1.9*d)+(2*d)$	21	63	0.385	24.255	5.385
构件名称：KL-4[318]				**构件数量：1**			**本构件钢筋重：330.6kg**		
构件位置：〈1-250,E+125〉〈3,E+124〉									
1跨.上通长筋1	虫	20	300⌐14850⌐300	$500-25+15*d+13900+500-25+15*d$	3	3	15.45	46.35	114.485
1跨.侧面构造筋1	虫	12	14260	$15*d+13900+15*d+180$	2	2	14.44	28.88	25.645
1跨.下通长筋1	虫	20	300⌐14850⌐300	$500-25+15*d+13900+500-25+15*d$	3	3	15.45	46.35	114.485
1跨.箍筋1	Φ	8	550 200	$2*((250-2*25)+(600-2*25))+2*(11.9*d)+(8*d)$	52	52	1.754	91.208	36.027
1跨.拉筋1	Φ	6	200	$(250-2*25)+2*(75+1.9*d)+(2*d)$	23	23	0.385	8.855	1.966
2跨.箍筋1	Φ	8	550 200	$2*((250-2*25)+(600-2*25))+2*(11.9*d)+(8*d)$	52	52	1.754	91.208	36.027
2跨.拉筋1	Φ	6	200	$(250-2*25)+2*(75+1.9*d)+(2*d)$	23	23	0.385	8.855	1.966
构件名称：KL-3[320]				**构件数量：4**			**本构件钢筋重：803.692kg**		
构件位置：〈1-125,D〉〈6+125,D〉；〈1-125,C-125〉〈6+125,C-125〉；〈1-125,B+125〉〈6+125,B+125〉；〈1-250,A-125〉〈6+125,A-125〉									
1跨.上通长筋1	虫	20	300⌐36450⌐300	$500-25+15*d+35500+500-25+15*d$	3	12	37.05	444.6	1098.162
1跨.侧面构造通长筋1	虫	12	35860	$15*d+35500+15*d+540$	2	8	36.4	291.2	258.586

（续）

楼层名称：-1 层（绘图输入）								钢筋总重:12293.659kg	
筋号	级别	直径	钢筋图形	计算公式	根数	总根数	单长 m	总长 m	总重 kg
构件名称:KL-3〔320〕				构件数量:4			本构件钢筋重:803.692kg		
构件位置:〈1-125,D〉〈6+125,D〉;〈1-125,C-125〉〈6+125,C-125〉;〈1-125,B+125〉〈6+125,B+125〉;〈1-250,A-125〉〈6+125,A-125〉									
1跨.下通长筋1	Φ	20	300⌐ 36450 ⌐300	$500-25+15*d+35500+500-25+15*d$	3	12	37.05	444.6	1098.162
1跨.箍筋1	Φ	8	550 200	$2*((250-2*25)+(600-2*25))+2*(11.9*d)+(8*d)$	52	208	1.754	364.832	144.109
1跨.拉筋1	Φ	6	200	$(250-2*25)+2*(75+1.9*d)+(2*d)$	23	92	0.385	35.42	7.863
2跨.箍筋1	Φ	8	550 200	$2*((250-2*25)+(600-2*25))+2*(11.9*d)+(8*d)$	52	208	1.754	364.832	144.109
2跨.拉筋1	Φ	6	200	$(250-2*25)+2*(75+1.9*d)+(2*d)$	23	92	0.385	35.42	7.863
3跨.箍筋1	Φ	8	550 200	$2*((250-2*25)+(600-2*25))+2*(11.9*d)+(8*d)$	52	208	1.754	364.832	144.109
3跨.拉筋1	Φ	6	200	$(250-2*25)+2*(75+1.9*d)+(2*d)$	23	92	0.385	35.42	7.863
4跨.箍筋1	Φ	8	550 200	$2*((250-2*25)+(600-2*25))+2*(11.9*d)+(8*d)$	52	208	1.754	364.832	144.109
4跨.拉筋1	Φ	6	200	$(250-2*25)+2*(75+1.9*d)+(2*d)$	23	92	0.385	35.42	7.863
5跨.箍筋1	Φ	8	550 200	$2*((250-2*25)+(600-2*25))+2*(11.9*d)+(8*d)$	52	208	1.754	364.832	144.109
5跨.拉筋1	Φ	6	200	$(250-2*25)+2*(75+1.9*d)+(2*d)$	23	92	0.385	35.42	7.863
构件名称:KL-2〔326〕				构件数量:3			本构件钢筋重:384.193kg		
构件位置:〈4,A-250〉〈4,D〉;〈5,A-250〉〈5,D〉;〈6+125,A-250〉〈6+125,D〉									
1跨.上通长筋1	Φ	20	300⌐ 17250 ⌐300	$500-25+15*d+16300+500-25+15*d$	3	9	17.85	160.65	396.806

(续)

楼层名称: -1层(绘图输入)								钢筋总重:12293.659kg	
筋号	级别	直径	钢筋图形	计算公式	根数	总根数	单长 m	总长 m	总重 kg
构件名称:KL-2[326]			构件数量:3				本构件钢筋重:384.193kg		
构件位置:〈4,A-250〉〈4,D〉;〈5,A-250〉〈5,D〉;〈6+125,A-250〉〈6+125,D〉									
1跨.侧面构造通长筋1	Φ	12	16660	15*d+16300+15*d+180	2	6	16.84	101.04	89.724
1跨.下通长筋1	Φ	20	300 ⌐ 17250 ⌐ 300	500-25+15*d+16300+500-25+15*d	3	9	17.85	160.65	396.806
1跨.箍筋1	Φ	8	550 ⌷ 200	2*((250-2*25)+(600-2*25))+2*(11.9*d)+(8*d)	52	156	1.754	273.624	108.081
1跨.拉筋1	Φ	6	200	(250-2*25)+2*(75+1.9*d)+(2*d)	23	69	0.385	26.565	5.897
2跨.箍筋1	Φ	8	550 ⌷ 200	2*((250-2*25)+(600-2*25))+2*(11.9*d)+(8*d)	19	57	1.754	99.978	39.491
2跨.拉筋1	Φ	6	200	(250-2*25)+2*(75+1.9*d)+(2*d)	7	21	0.385	8.085	1.795
3跨.箍筋1	Φ	8	550 ⌷ 200	2*((250-2*25)+(600-2*25))+2*(11.9*d)+(8*d)	52	156	1.754	273.624	108.081
3跨.拉筋1	Φ	6	200	(250-2*25)+2*(75+1.9*d)+(2*d)	23	69	0.385	26.565	5.897
构件名称:B-1[332]			构件数量:1				本构件钢筋重:90.255kg		
构件位置:〈2-2699,A-716〉〈1+2700,A-716〉;〈1+3300,A-250〉〈1+3300,A-949〉;〈2-2699,A-483〉 〈1+2700,A-483〉;〈2-3299,A-250〉〈2-3299,A-949〉;〈3-2699,A-716〉〈2+2700,A-716〉; 〈2+3300,A-250〉〈2+3300,A-949〉;〈3-2699,A-483〉〈2+2700,A-483〉;〈3-3299,A-250〉 〈3-3299,A-949〉;〈4-2699,A-716〉〈3+2700,A-716〉;〈4+3300,A-250〉〈4+3300,A-949〉; 〈4-2699,A-483〉〈3+2700,A-483〉;〈4-3299,A-250〉〈4-3299,A-949〉;〈5-2699,A-716〉 〈4+2700,A-716〉;〈4+3300,A-250〉〈4+3300,A-949〉;〈5-2699,A-483〉〈4+2700,A-483〉; 〈5-3299,A-250〉〈5-3299,A-949〉;〈6-2703,A-727〉〈5+2696,A-727〉;〈5+3296,A-260〉 〈5+3296,A-960〉;〈6-2703,A-									
SLJ-1.1	Φ	8	1770	1800-15-15+12.5*d	4	4	1.87	7.48	2.955

（续）

楼层名称：-1 层（绘图输入）						钢筋总重：12293.659kg			
筋号	级别	直径	钢筋图形	计算公式	根数	总根数	单长 m	总长 m	总重 kg

构件名称：B-1〔332〕　　　　　　　　　　构件数量：1　　　　　　　　　本构件钢筋重：90.255kg

构件位置：$\langle 2-2699, A-716 \rangle \langle 1+2700, A-716 \rangle$；$\langle 1+3300, A-250 \rangle \langle 1+3300, A-949 \rangle$；$\langle 2-2699, A-483 \rangle$ $\langle 1+2700, A-483 \rangle$；$\langle 2-3299, A-250 \rangle \langle 2-3299, A-949 \rangle$；$\langle 3-2699, A-716 \rangle \langle 2+2700, A-716 \rangle$；$\langle 2+3300, A-250 \rangle \langle 2+3300, A-949 \rangle$；$\langle 3-2699, A-483 \rangle \langle 2+2700, A-483 \rangle$；$\langle 3-3299, A-250 \rangle$ $\langle 3-3299, A-949 \rangle$；$\langle 4-2699, A-716 \rangle \langle 3+2700, A-716 \rangle$；$\langle 3+3300, A-250 \rangle \langle 3+3300, A-949 \rangle$；$\langle 4-2699, A-483 \rangle \langle 3+2700, A-483 \rangle$；$\langle 4-3299, A-250 \rangle \langle 4-3299, A-949 \rangle$；$\langle 5-2699, A-716 \rangle$ $\langle 4+2700, A-716 \rangle$，$\langle 4+3300, A-250 \rangle \langle 4+3300, A-949 \rangle$；$\langle 5-2699, A-483 \rangle \langle 4+2700, A-483 \rangle$；$\langle 5-3299, A-250 \rangle \langle 5-3299, A-949 \rangle$；$\langle 6-2703, A-727 \rangle \langle 5+2696, A-727 \rangle$；$\langle 5+3296, A-260 \rangle$ $\langle 5+3296, A-960 \rangle$；$\langle 6-2703, A-$

筋号	级别	直径	钢筋图形	计算公式	根数	总根数	单长 m	总长 m	总重 kg
SLJ-2.1	Φ	10	810	$700+\max(250/2,5*d)-15+12.5*d$	10	10	0.935	9.35	5.769
SLJ-3.1	Φ	8	90 ⌐ 1770 ⌐ 90	$1800-15+120-2*15-15+120-2*15$	4	4	1.95	7.8	3.081
SLJ-4.1	Φ	10	90 ⌐ 910 ⌐ 25	$700+250-15+120-2*15+6.25*d$	10	10	1.088	10.88	6.713
SLJ-1.1	Φ	8	1770	$1800-15-15+12.5*d$	4	4	1.87	7.48	2.955
SLJ-2.1	Φ	10	810	$700+\max(250/2,5*d)-15+12.5*d$	10	10	0.935	9.35	5.769
SLJ-3.1	Φ	8	90 ⌐ 1770 ⌐ 90	$1800-15+120-2*15-15+120-2*15$	4	4	1.95	7.8	3.081
SLJ-4.1	Φ	10	90 ⌐ 910 ⌐ 25	$700+250-15+120-2*15+6.25*d$	10	10	1.088	10.88	6.713
SLJ-1.1	Φ	8	1770	$1800-15-15+12.5*d$	4	4	1.87	7.48	2.955
SLJ-2.1	Φ	10	810	$700+\max(250/2,5*d)-15+12.5*d$	10	10	0.935	9.35	5.769
SLJ-3.1	Φ	8	90 ⌐ 1770 ⌐ 90	$1800-15+120-2*15-15+120-2*15$	4	4	1.95	7.8	3.081
SLJ-4.1	Φ	10	90 ⌐ 910 ⌐ 25	$700+250-15+120-2*15+6.25*d$	10	10	1.088	10.88	6.713
SLJ-1.1	Φ	8	1770	$1800-15-15+12.5*d$	4	4	1.87	7.48	2.955
SLJ-2.1	Φ	10	810	$700+\max(250/2,5*d)-15+12.5*d$	10	10	0.935	9.35	5.769

（续）

筋号	级别	直径	钢筋图形	计算公式	根数	总根数	单长 m	总长 m	总重 kg
构件名称：B-1[332]				构件数量：1				本构件钢筋重：90.255kg	

构件位置：〈2-2699,A-716〉〈1+2700,A-716〉；〈1+3300,A-250〉〈1+3300,A-949〉；〈2-2699,A-483〉〈1+2700,A-483〉；〈2-3299,A-250〉〈2-3299,A-949〉；〈3-2699,A-716〉〈2+2700,A-716〉；〈2+3300,A-250〉〈2+3300,A-949〉；〈3-2699,A-483〉〈2+2700,A-483〉；〈3-3299,A-250〉〈3-3299,A-949〉；〈4-2699,A-716〉〈3+2700,A-716〉；〈3+3300,A-250〉〈3+3300,A-949〉；〈4-2699,A-483〉〈3+2700,A-483〉；〈4-3299,A-250〉〈4-3299,A-949〉；〈5-2699,A-716〉〈4+2700,A-716〉；〈4+3300,A-250〉〈4+3300,A-949〉；〈5-2699,A-483〉〈4+2700,A-483〉；〈5-3299,A-250〉〈5-3299,A-949〉；〈6-2703,A-727〉〈5+2696,A-727〉；〈5+3296,A-260〉〈5+3296,A-960〉；〈6-2703,A-

筋号	级别	直径	钢筋图形	计算公式	根数	总根数	单长 m	总长 m	总重 kg
SLJ-3.1	Φ	8	90└ 1770 ┘90	$1800-15+120-2*15-15+120-2*15$	4	4	1.95	7.8	3.081
SLJ-4.1	Φ	10	90┌ 910 ┘25	$700+250-15+120-2*15+6.25*d$	10	10	1.088	10.88	6.713
SLJ-1.1	Φ	8	└ 1770 ┘	$1800-15-15+12.5*d$	4	4	1.87	7.48	2.955
SLJ-2.1	Φ	10	└ 670 ┘	$700-15-15+12.5*d$	10	10	0.795	7.95	4.905
SLJ-3.1	Φ	8	90└ 1770 ┘90	$1800-15+120-2*15-15+120-2*15$	4	4	1.95	7.8	3.081
SLJ-4.1	Φ	10	90┌ 670 ┘90	$700-15+120-2*15-15+120-2*15$	10	10	0.85	8.5	5.245

筋号	级别	直径	钢筋图形	计算公式	根数	总根数	单长 m	总长 m	总重 kg
构件名称：KZ1[3]				构件数量：9				本构件钢筋重：194.553kg	
构件位置：〈1,E〉；〈2,C〉；〈3,C〉；〈4,C〉；〈1,B〉；〈2,B〉；〈3,B〉；〈4,B〉；〈1,A〉									
B 边纵筋.1	Φ	22	2967	$3300-1603+max(2500/6,500,500)+1*max(35*d,500)$	2	18	2.967	53.406	159.15
B 边纵筋.2	Φ	22	2967	$3300-833+max(2500/6,500,500)$	2	18	2.967	53.406	159.15
H 边纵筋.1	Φ	22	2967	$3300-1603+max(2500/6,500,500)+1*max(35*d,500)$	2	18	2.967	53.406	159.15

（续）

楼层名称:首层（绘图输入）				钢筋总重:27363.173kg					
筋号	级别	直径	钢筋图形	计算公式	根数	总根数	单长 m	总长 m	总重 kg
构件名称:KZ1[3]				构件数量:9		本构件钢筋重:194.553kg			
构件位置:⟨1,E⟩;⟨2,C⟩;⟨3,C⟩;⟨4,C⟩;⟨1,B⟩;⟨2,B⟩;⟨3,B⟩;⟨4,B⟩;⟨1,A⟩									
H 边纵筋.2	Φ	22	2967	3300 − 833 + max(2500/6, 500,500)	2	18	2.967	53.406	159.15
角筋.1	Φ	22	2967	3300 − 833 + max(2500/6, 500,500)	2	18	2.967	53.406	159.15
角筋.2	Φ	22	2967	3300 − 1603 + max(2500/6, 500,500) + 1 * max (35 * d,500)	2	18	2.967	53.406	159.15
箍筋.1	Φ	10	440 440	2 * ((500 − 2 * 30) + (500 − 2 * 30)) + 2 * (11.9 * d) + (8 * d)	28	252	2.078	523.656	323.096
箍筋.2	Φ	10	440 161	2 * (((500 − 2 * 30 − 22)/ 3 * 1 + 22) + (500 − 2 * 30)) + 2 * (11.9 * d) + (8 * d)	56	504	1.521	766.584	472.982
构件名称:KZ1a[4]				构件数量:2		本构件钢筋重:216.833kg			
构件位置:⟨2,E⟩;⟨3,E⟩									
B 边纵筋.1	Φ	22	3060	3300 − 1510 + max(2500/6, 500,500) + 1 * max(35 * d,500)	2	4	3.06	12.24	36.475
B 边纵筋.2	Φ	22	3060	3300 − 740 + max(2500/6, 500,500)	2	4	3.06	12.24	36.475
H 边纵筋.1	Φ	22	3060	3300 − 1510 + max(2500/6, 500,500) + 1 * max(35 * d,500)	2	4	3.06	12.24	36.475
H 边纵筋.2	Φ	22	3060	3300 − 740 + max(2500/6, 500,500)	2	4	3.06	12.24	36.475
角筋.1	Φ	22	3060	3300 − 740 + max(2500/6, 500,500)	2	4	3.06	12.24	36.475
角筋.2	Φ	22	3060	3300 − 1510 + max(2500/6, 500,500) + 1 * max(35 * d,500)	2	4	3.06	12.24	36.475
箍筋.1	Φ	10	440 440	2 * ((500 − 2 * 30) + (500 − 2 * 30)) + 2 * (11.9 * d) + (8 * d)	34	68	2.078	141.304	87.185

（续）

楼层名称:首层(绘图输入)									钢筋总重:27363.173kg
筋号	级别	直径	钢筋图形	计算公式	根数	总根数	单长 m	总长 m	总重 kg
构件名称:KZ1a[4]				构件数量:2				本构件钢筋重:216.833kg	
构件位置:⟨2,E⟩;⟨3,E⟩									
箍筋.2	Φ	10	440 | 161 |	2*(((500-2*30-22)/3*1+22)+(500-2*30))+2*(11.9*d)+(8*d)	68	136	1.521	206.856	127.63
构件名称:KZ1[6]				构件数量:1				本构件钢筋重:186.436kg	
构件位置:⟨1,D⟩									
B 边纵筋.1	Φ	22	2740	3300-1830+max(2500/6,500,500)+1*max(35*d,500)	2	2	2.74	5.48	16.33
B 边纵筋.2	Φ	22	2740	3300-1060+max(2500/6,500,500)	2	2	2.74	5.48	16.33
H 边纵筋.1	Φ	22	2740	3300-1830+max(2500/6,500,500)+1*max(35*d,500)	2	2	2.74	5.48	16.33
H 边纵筋.2	Φ	22	2740	3300-1060+max(2500/6,500,500)	2	2	2.74	5.48	16.33
角筋.1	Φ	22	2740	3300-1060+max(2500/6,500,500)	2	2	2.74	5.48	16.33
角筋.2	Φ	22	2740	3300-1830+max(2500/6,500,500)+1*max(35*d,500)	2	2	2.74	5.48	16.33
箍筋.1	Φ	10	440 | 440 |	2*((500-2*30)+(500-2*30))+2*(11.9*d)+(8*d)	28	28	2.078	58.184	35.9
箍筋.2	Φ	10	440 | 161 |	2*(((500-2*30-22)/3*1+22)+(500-2*30))+2*(11.9*d)+(8*d)	56	56	1.521	85.176	52.554
构件名称:KZ3[7]				构件数量:1				本构件钢筋重:258.815kg	
构件位置:⟨2,D⟩									
B 边纵筋.1	Φ	25	2740	3300-1935+max(2650/6,500,500)+1*max(35*d,500)	2	2	2.74	5.48	21.098
B 边纵筋.2	Φ	25	2740	3300-1060+max(2650/6,500,500)	2	2	2.74	5.48	21.098

（续）

楼层名称:首层(绘图输入)							钢筋总重:27363.173kg		
筋号	级别	直径	钢筋图形	计算公式	根数	总根数	单长 m	总长 m	总重 kg
构件名称:KZ3[7]			构件数量:1				本构件钢筋重:258.815kg		
构件位置:⟨2,D⟩									
H边纵筋.1	Φ	25	2740	3300 − 1935 + max(2650/6, 500,500) + 1 ∗ max(35 ∗ d,500)	2	2	2.74	5.48	21.098
H边纵筋.2	Φ	25	2740	3300 − 1060 + max(2650/6, 500,500)	2	2	2.74	5.48	21.098
角筋.1	Φ	25	2740	3300 − 1060 + max(2650/6, 500,500)	2	2	2.74	5.48	21.098
角筋.2	Φ	25	2740	3300 − 1935 + max(2650/6, 500,500) + 1 ∗ max(35 ∗ d,500)	2	2	2.74	5.48	21.098
箍筋.1	Φ	12	440 440	2 ∗ ((500 − 2 ∗ 30) + (500 − 2 ∗ 30)) + 2 ∗ (11.9 ∗ d) + (8 ∗ d)	28	28	2.142	59.976	53.259
箍筋.2	Φ	12	440 163	2 ∗ (((500 − 2 ∗ 30 − 25)/ 3 ∗ 1 + 25) + (500 − 2 ∗ 30)) + 2 ∗ (11.9 ∗ d) + (8 ∗ d)	56	56	1.588	88.928	78.968
构件名称:KZ2[8]			构件数量:1				本构件钢筋重:215.179kg		
构件位置:⟨3,D⟩									
B边纵筋.1	Φ	25	2740	3300 − 1935 + max(2500/6, 500,500) + 1 ∗ max(35 ∗ d,500)	2	2	2.74	5.48	21.098
B边纵筋.2	Φ	25	2740	3300 − 1060 + max(2500/6, 500,500)	2	2	2.74	5.48	21.098
H边纵筋.1	Φ	25	2740	3300 − 1935 + max(2500/6, 500,500) + 1 ∗ max(35 ∗ d,500)	2	2	2.74	5.48	21.098
H边纵筋.2	Φ	25	2740	3300 − 1060 + max(2500/6, 500,500)	2	2	2.74	5.48	21.098
角筋.1	Φ	25	2740	3300 − 1060 + max(2500/6, 500,500)	2	2	2.74	5.48	21.098
角筋.2	Φ	25	2740	3300 − 1935 + max(2500/6, 500,500) + 1 ∗ max(35 ∗ d,500)	2	2	2.74	5.48	21.098

（续）

楼层名称:首层（绘图输入）								钢筋总重:27363.173kg		
筋号	级别	直径	钢筋图形	计算公式	根数	总根数	单长 m	总长 m	总重 kg	

构件名称:KZ2[8]　　　　　　　构件数量:1　　　　　　　　本构件钢筋重:215.179kg

构件位置:〈3,D〉

箍筋.1	Φ	10	440 440	$2*((500-2*30)+(500-2*30))+2*(11.9*d)+(8*d)$	28	28	2.078	58.184	35.9
箍筋.2	Φ	10	440 163	$2*(((500-2*30-25)/3*1+25)+(500-2*30))+2*(11.9*d)+(8*d)$	56	56	1.525	85.4	52.692

构件名称:KZ2[9]　　　　　　　构件数量:9　　　　　　　　本构件钢筋重:225.667kg

构件位置:〈4,D〉;〈1,C〉;〈5,B〉;〈6,B〉;〈2,A〉;〈3,A〉;〈4,A〉;〈5,A〉;〈6,A〉

B边纵筋.1	Φ	25	2967	$3300-1708+\max(2500/6,500,500)+1*\max(35*d,500)$	2	18	2.967	53.406	205.613
B边纵筋.2	Φ	25	2967	$3300-833+\max(2500/6,500,500)$	2	18	2.967	53.406	205.613
H边纵筋.1	Φ	25	2967	$3300-1708+\max(2500/6,500,500)+1*\max(35*d,500)$	2	18	2.967	53.406	205.613
H边纵筋.2	Φ	25	2967	$3300-833+\max(2500/6,500,500)$	2	18	2.967	53.406	205.613
角筋.1	Φ	25	2967	$3300-833+\max(2500/6,500,500)$	2	18	2.967	53.406	205.613
角筋.2	Φ	25	2967	$3300-1708+\max(2500/6,500,500)+1*\max(35*d,500)$	2	18	2.967	53.406	205.613
箍筋.1	Φ	10	440 440	$2*((500-2*30)+(500-2*30))+2*(11.9*d)+(8*d)$	28	252	2.078	523.656	323.096
箍筋.2	Φ	10	440 163	$2*(((500-2*30-25)/3*1+25)+(500-2*30))+2*(11.9*d)+(8*d)$	56	504	1.525	768.6	474.226

构件名称:KZ2b[10]　　　　　　　构件数量:2　　　　　　　　本构件钢筋重:244.651kg

构件位置:〈5,D〉;〈6,D〉

B边纵筋.1	Φ	25	2967	$3300-1708+\max(2500/6,500,500)+1*\max(35*d,500)$	2	4	2.967	11.868	45.692

（续）

楼层名称：首层（绘图输入）								钢筋总重：27363.173kg
筋号	级别	直径	钢筋图形	计算公式	根数	总根数	单长 m	总长 m	总重 kg

构件名称：KZ2b[10]			构件数量：2				本构件钢筋重：244.651kg		
构件位置：⟨5,D⟩；⟨6,D⟩									
B 边纵筋.2	Φ	25	2967	$3300-833+\max(2500/6,500,500)$	2	4	2.967	11.868	45.692
H 边纵筋.1	Φ	25	2967	$3300-1708+\max(2500/6,500,500)+1*\max(35*d,500)$	2	4	2.967	11.868	45.692
H 边纵筋.2	Φ	25	2967	$3300-833+\max(2500/6,500,500)$	2	4	2.967	11.868	45.692
角筋.1	Φ	25	2967	$3300-833+\max(2500/6,500,500)$	2	4	2.967	11.868	45.692
角筋.2	Φ	25	2967	$3300-1708+\max(2500/6,500,500)+1*\max(35*d,500)$	2	4	2.967	11.868	45.692
箍筋.1	Φ	10	440 440	$2*((500-2*30)+(500-2*30))+2*(11.9*d)+(8*d)$	34	68	2.078	141.304	87.185
箍筋.2	Φ	10	440 163	$2*(((500-2*30-25)/3*1+25)+(500-2*30))+2*(11.9*d)+(8*d)$	68	136	1.525	207.4	127.966

构件名称：KZ2a[16]			构件数量：2				本构件钢筋重：225.667kg		
构件位置：⟨5,C⟩；⟨6,C⟩									
B 边纵筋.1	Φ	25	2967	$3300-1708+\max(2500/6,500,500)+1*\max(35*d,500)$	2	4	2.967	11.868	45.692
B 边纵筋.2	Φ	25	2967	$3300-833+\max(2500/6,500,500)$	2	4	2.967	11.868	45.692
H 边纵筋.1	Φ	25	2967	$3300-1708+\max(2500/6,500,500)+1*\max(35*d,500)$	2	4	2.967	11.868	45.692
H 边纵筋.2	Φ	25	2967	$3300-833+\max(2500/6,500,500)$	2	4	2.967	11.868	45.692
角筋.1	Φ	25	2967	$3300-833+\max(2500/6,500,500)$	2	4	2.967	11.868	45.692

（续）

楼层名称:首层(绘图输入)					钢筋总重:27363.173kg					
筋号	级别	直径	钢筋图形		计算公式	根数	总根数	单长 m	总长 m	总重 kg
构件名称:KZ2a[16]			构件数量:2					本构件钢筋重:225.667kg		
构件位置:〈5,C〉;〈6,C〉										
角筋.2	Φ	25	2967		$3300 - 1708 + \max(2500/6, 500, 500) + 1 * \max(35 * d, 500)$	2	4	2.967	11.868	45.692
箍筋.1	Φ	10	440 ⊡ 440		$2 * ((500 - 2 * 30) + (500 - 2 * 30)) + 2 * (11.9 * d) + (8 * d)$	28	56	2.078	116.368	71.799
箍筋.2	Φ	10	440 ⊡ 163		$2 * (((500 - 2 * 30 - 25)/ 3 * 1 + 25) + (500 - 2 * 30)) + 2 * (11.9 * d) + (8 * d)$	56	112	1.525	170.8	105.384
构件名称:KL2a(3)[365]			构件数量:1					本构件钢筋重:598.059kg		
构件位置:〈6,A〉〈6,D+124〉										
1 跨.上通长筋1	Φ	22	330 ⌐ 17250 ⌐ 330		$500 - 25 + 15 * d + 16300 + 500 - 25 + 15 * d$	2	2	17.91	35.82	106.744
1 跨.左支座筋1	Φ	22	330 ⌐ 2708		$500 - 25 + 15 * d + 6700/3$	2	2	3.038	6.076	18.106
1 跨.右支座筋1	Φ	22	7366		$6700/3 + 500 + 1900 + 500 + 6700/3$	2	2	7.366	14.732	43.901
1 跨.侧面构造通长筋1	Φ	12	16660		$15 * d + 16300 + 15 * d + 180$	4	4	16.84	67.36	59.816
1 跨.下通长筋1	Φ	20	300 ⌐ 17250 ⌐ 300		$500 - 25 + 15 * d + 16300 + 500 - 25 + 15 * d$	4	4	17.85	71.4	176.358
3 跨.右支座筋1	Φ	25	375 ⌐ 2708		$6700/3 + 500 - 25 + 15 * d$	2	2	3.083	6.166	23.739
1 跨.箍筋1	Φ	10	750 ⊡ 200		$2 * ((250 - 2 * 25) + (800 - 2 * 25)) + 2 * (11.9 * d) + (8 * d)$	47	47	2.218	104.246	64.32
1 跨.拉筋1	Φ	8	200		$(250 - 2 * 25) + 2 * (11.9 * d) + (2 * d)$	36	36	0.406	14.616	5.773
2 跨.箍筋1	Φ	10	750 ⊡ 200		$2 * ((250 - 2 * 25) + (800 - 2 * 25)) + 2 * (11.9 * d) + (8 * d)$	19	19	2.218	42.142	26.002
2 跨.拉筋1	Φ	8	200		$(250 - 2 * 25) + 2 * (11.9 * d) + (2 * d)$	20	20	0.406	8.12	3.207

（续）

楼层名称：首层（绘图输入）								钢筋总重：27363.173kg	
筋号	级别	直径	钢筋图形	计算公式	根数	总根数	单长 m	总长 m	总重 kg
构件名称：KL2a(3)[365]				构件数量：1			本构件钢筋重：598.059kg		
构件位置：⟨6,A⟩⟨6,D+124⟩									
3跨.箍筋1	Φ	10	750 200	$2*((250-2*25)+(800-2*25))+2*(11.9*d)+(8*d)$	47	47	2.218	104.246	64.32
3跨.拉筋1	Φ	8	200	$(250-2*25)+2*(11.9*d)+(2*d)$	36	36	0.406	14.616	5.773
构件名称：L2(1)[368]				构件数量：1			本构件钢筋重：180.556kg		
构件位置：⟨1+3599,A⟩⟨1+3599,B⟩									
1跨.上通长筋1	Φ	20	300 7150 300	$-25+15*d+7200-25+15*d$	3	3	7.75	23.25	57.428
1跨.下部钢筋1	Φ	22	239 7200 239	$12*d-25+7200+12*d-25$	2	2	7.678	15.356	45.761
1跨.下部钢筋3	Φ	22	239 7200 239	$12*d-25+7200+12*d-25$	2	2	7.678	15.356	45.761
1跨.箍筋1	Φ	8	450 150	$2*((200-2*25)+(500-2*25))+2*(11.9*d)+(8*d)$	49	49	1.454	71.246	28.142
1跨.下部梁垫铁.1	Φ	25	150	$200-2*25$	6	6	0.15	0.9	3.465
构件名称：L3(1)[369]				构件数量：1			本构件钢筋重：204.92kg		
构件位置：⟨5-3100,C⟩⟨5-3100,D⟩									
1跨.上通长筋1	Φ	20	300 7150 300	$-25+15*d+7200-25+15*d$	3	3	7.75	23.25	57.428
1跨.下部钢筋1	Φ	25	275 7200 275	$12*d-25+7200+12*d-25$	4	4	7.75	31	119.35
1跨.箍筋1	Φ	8	450 150	$2*((200-2*25)+(500-2*25))+2*(11.9*d)+(8*d)$	49	49	1.454	71.246	28.142
构件名称：L1(1)[372]				构件数量：1			本构件钢筋重：166.586kg		
构件位置：⟨1,D-3599⟩⟨2,D-3599⟩									
1跨.上通长筋1	Φ	18	270 7525 270	$250-25+15*d+7075+250-25+15*d$	3	3	8.065	24.195	48.39

（续）

楼层名称:首层(绘图输入)							钢筋总重:27363.173kg			
筋号	级别	直径	钢筋图形	计算公式	根数	总根数	单长 m	总长 m	总重 kg	

| 构件名称:L1(1)[372] | | | | 构件数量:1 | | | | 本构件钢筋重:166.586kg | |

| 构件位置:〈1,D-3599〉〈2,D-3599〉 |

| 1 跨.下部
钢筋1 | Φ | 22 | 39 ⌐7525⌐ 39 | 12 * d + 7075 +
12 * d | 4 | 4 | 7.603 | 30.412 | 90.628 |
| 1 跨.箍筋1 | Φ | 8 | 450 ▭150 | 2 * ((200 - 2 * 25) +
(500 - 2 * 25)) +
2 * (11.9 * d) + (8 * d) | 48 | 48 | 1.454 | 69.792 | 27.568 |

| 构件名称:KL4[380] | | | | 构件数量:2 | | | | 本构件钢筋重:1369.261kg | |

| 构件位置:〈1-250,C-125〉〈6+250,C-125〉;〈1-250,B+125〉〈6+249,B+125〉 |

1 跨.上通 长筋1	Φ	22	330 ⌐36450⌐ 330	500 - 25 + 15 * d + 35500 + 500 - 25 + 15 * d	2	4	37.11	148.44	442.351
1 跨.左支 座筋1	Φ	22	330 ⌐2708	500 - 25 + 15 * d + 6700/3	2	4	3.038	12.152	36.213
1 跨.右支 座筋1	Φ	22	⌐4966⌐	6700/3 + 500 + 6700/3	2	4	4.966	19.864	59.195
1 跨.侧面受 扭通长筋1	Φ	12	⌐36244⌐	31 * d + 35500 + 31 * d + 1584	4	8	37.828	302.624	268.73
1 跨.下通 长筋1	Φ	20	300 ⌐36450⌐ 300	500 - 25 + 15 * d + 35500 + 500 - 25 + 15 * d	4	8	37.05	296.4	732.108
2 跨.右支 座筋1	Φ	22	⌐4966⌐	6700/3 + 500 + 6700/3	2	4	4.966	19.864	59.195
3 跨.右支 座筋1	Φ	22	⌐4966⌐	6700/3 + 500 + 6700/3	2	4	4.966	19.864	59.195
4 跨.右支 座筋1	Φ	22	⌐4966⌐	6700/3 + 500 + 6700/3	2	4	4.966	19.864	59.195
5 跨.右支 座筋1	Φ	22	330 ⌐2708	6700/3 + 500 - 25 + 15 * d	2	4	3.038	12.152	36.213
1 跨.箍筋1	Φ	10	750 ▭200	2 * ((250 - 2 * 25) + (800 - 2 * 25)) + 2 * (11.9 * d) + (8 * d)	54	108	2.218	239.544	147.799
1 跨.拉筋1	Φ	6	╱‾‾200‾‾╲	(250 - 2 * 25) + 2 * (75 + 1.9 * d) + (2 * d)	46	92	0.385	35.42	7.863
2 跨.箍筋1	Φ	12	750 ▭200	2 * ((250 - 2 * 25) + (800 - 2 * 25)) + 2 * (11.9 * d) + (8 * d)	67	134	2.282	305.788	271.54

（续）

楼层名称：首层（绘图输入）								钢筋总重：27363.173kg		
筋号	级别	直径	钢筋图形	计算公式		根数	总根数	单长 m	总长 m	总重 kg
构件名称：KL4[380]				构件数量：2				本构件钢筋重：1369.261kg		
构件位置：〈1-250,C-125〉〈6+250,C-125〉；〈1-250,B+125〉〈6+249,B+125〉										
2跨.拉筋1	Φ	6	200	$(250-2*25)+2*$ $(75+1.9*d)+(2*d)$		68	136	0.385	52.36	11.624
3跨.箍筋1	Φ	10	750 200	$2*((250-2*25)+$ $(800-2*25))+$ $2*(11.9*d)+(8*d)$		54	108	2.218	239.544	147.799
3跨.拉筋1	Φ	6	200	$(250-2*25)+2*$ $(75+1.9*d)+(2*d)$		46	92	0.385	35.42	7.863
4跨.箍筋1	Φ	10	750 200	$2*((250-2*25)+$ $(800-2*25))+$ $2*(11.9*d)+(8*d)$		67	134	2.218	297.212	183.38
4跨.拉筋1	Φ	6	200	$(250-2*25)+2*$ $(75+1.9*d)+(2*d)$		68	136	0.385	52.36	11.624
5跨.箍筋1	Φ	12	750 200	$2*((250-2*25)+$ $(800-2*25))+$ $2*(11.9*d)+(8*d)$		47	94	2.282	214.508	190.483
5跨.拉筋1	Φ	6	200	$(250-2*25)+2*$ $(75+1.9*d)+(2*d)$		36	72	0.385	27.72	6.154
构件名称：KL3[384]				构件数量：1				本构件钢筋重：1265.352kg		
构件位置：〈1-250,A-125〉〈6+250,A-125〉										
1跨.上通长筋1	Φ	22	330 36450 330	$500-25+15*d+35500+$ $500-25+15*d$		2	2	37.11	74.22	221.176
1跨.左支座筋1	Φ	22	330 2708	$500-25+15*d+6700/3$		2	2	3.038	6.076	18.106
1跨.右支座筋1	Φ	22	4966	$6700/3+500+6700/3$		2	2	4.966	9.932	29.597
1跨.侧面受扭通长筋1	Φ	12	36244	$31*d+35500+31*d+$ 1584		4	4	37.828	151.312	134.365
1跨.下通长筋1	Φ	20	300 36450 300	$500-25+15*d+35500+$ $500-25+15*d$		4	4	37.05	148.2	366.054
2跨.右支座筋1	Φ	22	4966	$6700/3+500+6700/3$		2	2	4.966	9.932	29.597
3跨.右支座筋1	Φ	22	4966	$6700/3+500+6700/3$		2	2	4.966	9.932	29.597

（续）

楼层名称:首层(绘图输入)								钢筋总重:27363.173kg	
筋号	级别	直径	钢筋图形	计算公式	根数	总根数	单长 m	总长 m	总重 kg

构件名称:KL3[384]				构件数量:1			本构件钢筋重:1265.352kg		

构件位置:〈1−250,A−125〉〈6+250,A−125〉

筋号	级别	直径	钢筋图形	计算公式	根数	总根数	单长 m	总长 m	总重 kg
4 跨.右支座筋1	Φ	22	4966	6700/3 + 500 + 6700/3	2	2	4.966	9.932	29.597
1 跨.箍筋1	Φ	10	750 200	2 * ((250 − 2 * 25) + (800 − 2 * 25)) + 2 * (11.9 * d) + (8 * d)	54	54	2.218	119.772	73.899
1 跨.拉筋1	Φ	6	200	(250 − 2 * 25) + 2 * (75 + 1.9 * d) + (2 * d)	46	46	0.385	17.71	3.932
2 跨.箍筋1	Φ	10	750 200	2 * ((250 − 2 * 25) + (800 − 2 * 25)) + 2 * (11.9 * d) + (8 * d)	54	54	2.218	119.772	73.899
2 跨.拉筋1	Φ	6	200	(250 − 2 * 25) + 2 * (75 + 1.9 * d) + (2 * d)	46	46	0.385	17.71	3.932
3 跨.箍筋1	Φ	10	750 200	2 * ((250 − 2 * 25) + (800 − 2 * 25)) + 2 * (11.9 * d) + (8 * d)	54	54	2.218	119.772	73.899
3 跨.拉筋1	Φ	6	200	(250 − 2 * 25) + 2 * (75 + 1.9 * d) + (2 * d)	46	46	0.385	17.71	3.932
4 跨.箍筋1	Φ	10	750 200	2 * ((250 − 2 * 25) + (800 − 2 * 25)) + 2 * (11.9 * d) + (8 * d)	54	54	2.218	119.772	73.899
4 跨.拉筋1	Φ	6	200	(250 − 2 * 25) + 2 * (75 + 1.9 * d) + (2 * d)	46	46	0.385	17.71	3.932
5 跨.箍筋1	Φ	10	750 200	2 * ((250 − 2 * 25) + (800 − 2 * 25)) + 2 * (11.9 * d) + (8 * d)	54	54	2.218	119.772	73.899
5 跨.拉筋1	Φ	6	200	(250 − 2 * 25) + 2 * (75 + 1.9 * d) + (2 * d)	46	46	0.385	17.71	3.932

构件名称:KL2[390]				构件数量:1			本构件钢筋重:470.193kg		

构件位置:〈4+125,A−250〉〈4+124,B〉〈4+124,C〉〈4+124,D〉

筋号	级别	直径	钢筋图形	计算公式	根数	总根数	单长 m	总长 m	总重 kg
1 跨.上通长筋1	Φ	20	300 17251 300	501 − 25 + 15 * d + 16300 + 500 − 25 + 15 * d	2	2	17.851	35.702	88.184
1 跨.左支座筋1	Φ	20	300 2709	501 − 25 + 15 * d + 6700/3	2	2	3.009	6.018	14.864

（续）

楼层名称:首层（绘图输入）							钢筋总重:27363.173kg		
筋号	级别	直径	钢筋图形	计算公式	根数	总根数	单长 m	总长 m	总重 kg
构件名称:KL2[390]				构件数量:1			本构件钢筋重:470.193kg		
构件位置:⟨4+125,A−250⟩⟨4+124,B⟩⟨4+124,C⟩⟨4+124,D⟩									
1跨.右支座筋1	⏀	22	7366	6700/3+500+1900+500+6700/3	2	2	7.366	14.732	43.901
1跨.侧面构造通长筋1	⏀	12	16660	15*d+16300+15*d+180	4	4	16.84	67.36	59.816
1跨.下部钢筋1	⏀	20	300 7651 300	501−25+15*d+6700+500−25+15*d	3	3	8.251	24.753	61.14
2跨.下部钢筋1	⏀	20	3380	37*d+1900+37*d	3	3	3.38	10.14	25.046
3跨.右支座筋1	⏀	22	330 2708	6700/3+500−25+15*d	2	2	3.038	6.076	18.106
3跨.下部钢筋1	⏀	20	300 7650 300	500−25+15*d+6700+500−25+15*d	3	3	8.25	24.75	61.133
1跨.箍筋1	Φ	8	750 200	2*((250−2*25)+(800−2*25))+2*(11.9*d)+(8*d)	47	47	2.154	101.238	39.989
1跨.拉筋1	Φ	6	200	(250−2*25)+2*(75+1.9*d)+(2*d)	36	36	0.385	13.86	3.077
2跨.箍筋1	Φ	8	350 200	2*((250−2*25)+(400−2*25))+2*(11.9*d)+(8*d)	19	19	1.354	25.726	10.162
2跨.拉筋1	Φ	6	200	(250−2*25)+2*(75+1.9*d)+(2*d)	20	20	0.385	7.7	1.709
3跨.箍筋1	Φ	8	750 200	2*((250−2*25)+(800−2*25))+2*(11.9*d)+(8*d)	47	47	2.154	101.238	39.989
3跨.拉筋1	Φ	6	200	(250−2*25)+2*(75+1.9*d)+(2*d)	36	36	0.385	13.86	3.077
构件名称:KL2[392]				构件数量:1			本构件钢筋重:470.176kg		
构件位置:⟨5,A 250⟩⟨5,B⟩⟨5,C⟩⟨5,D⟩									
1跨.上通长筋1	⏀	20	300 17250 300	500−25+15*d+16300+500−25+15*d	2	2	17.85	35.7	88.179
1跨.左支座筋1	⏀	20	300 2708	500−25+15*d+6700/3	2	2	3.008	6.016	14.86

（续）

楼层名称:首层（绘图输入）							钢筋总重:27363.173kg		
筋号	级别	直径	钢筋图形	计算公式	根数	总根数	单长 m	总长 m	总重 kg
构件名称:KL2[392]				构件数量:1			本构件钢筋重:470.176kg		
构件位置:⟨5,A−250⟩⟨5,B⟩⟨5,C⟩⟨5,D⟩									
1 跨. 右支座筋1	Φ	22	7366	$6700/3+500+1900+500+6700/3$	2	2	7.366	14.732	43.901
1 跨. 侧面构造通长筋1	Φ	12	16660	$15*d+16300+15*d+180$	4	4	16.84	67.36	59.816
1 跨. 下部钢筋1	Φ	20	300 ⌊ 7650 ⌋ 300	$500−25+15*d+6700+500−25+15*d$	3	3	8.25	24.75	61.133
2 跨. 下部钢筋1	Φ	20	3380	$37*d+1900+37*d$	3	3	3.38	10.14	25.046
3 跨. 右支座筋1	Φ	22	330 ⌊ 2708	$6700/3+500−25+15*d$	2	2	3.038	6.076	18.106
3 跨. 下部钢筋1	Φ	20	300 ⌊ 7650 ⌋ 300	$500−25+15*d+6700+500−25+15*d$	3	3	8.25	24.75	61.133
1 跨. 箍筋1	Φ	8	750 ⎡200⎤	$2*((250−2*25)+(800−2*25))+2*(11.9*d)+(8*d)$	47	47	2.154	101.238	39.989
1 跨. 拉筋1	Φ	6	200	$(250−2*25)+2*(75+1.9*d)+(2*d)$	36	36	0.385	13.86	3.077
2 跨. 箍筋1	Φ	8	350 ⎡200⎤	$2*((250−2*25)+(400−2*25))+2*(11.9*d)+(8*d)$	19	19	1.354	25.726	10.162
2 跨. 拉筋1	Φ	6	200	$(250−2*25)+2*(75+1.9*d)+(2*d)$	20	20	0.385	7.7	1.709
3 跨. 箍筋1	Φ	8	750 ⎡200⎤	$2*((250−2*25)+(800−2*25))+2*(11.9*d)+(8*d)$	47	47	2.154	101.238	39.989
3 跨. 拉筋1	Φ	6	200	$(250−2*25)+2*(75+1.9*d)+(2*d)$	36	36	0.385	13.86	3.077
构件名称:L2(1)[396]				构件数量:3			本构件钢筋重:184.857kg		
构件位置:⟨2+2200,C−249⟩⟨2+2200,D+125⟩;⟨2+3599,A−125⟩⟨2+3599,B+125⟩;⟨3+3599,C−249⟩⟨3+3600,D+125⟩									
1 跨. 上通长筋1	Φ	20	300 ⌊ 7650 ⌋ 300	$250−25+15*d+7200+250−25+15*d$	3	9	8.25	74.25	183.398
1 跨. 下部钢筋1	Φ	22	39 ⌊ 7650 ⌋ 39	$12*d+7200+12*d$	2	6	7.728	46.368	138.177

（续）

楼层名称：首层（绘图输入）							钢筋总重：27363.173kg		
筋号	级别	直径	钢筋图形	计算公式	根数	总根数	单长 m	总长 m	总重 kg
构件名称：L2(1)[396]				构件数量：3			本构件钢筋重：184.857kg		
构件位置：⟨2+2200,C−249⟩⟨2+2200,D+125⟩；⟨2+3599,A−125⟩⟨2+3599,B+125⟩；⟨3+3599,C−249⟩⟨3+3600,D+125⟩									
1跨.下部钢筋3	Φ	22	39⌐_____7650_____⌐39	12*d+7200+12*d	2	6	7.728	46.368	138.177
1跨.箍筋1	Φ	8	450 ⌐150⌐	2*((200−2*25)+(500−2*25))+2*(11.9*d)+(8*d)	49	147	1.454	213.738	84.427
1跨.下部梁垫铁.1	Φ	25	___150___	200−2*25	6	18	0.15	2.7	10.395
构件名称：L3(1)[402]				构件数量：4			本构件钢筋重：209.395kg		
构件位置：⟨3+3599,A−125⟩⟨3+3599,B+125⟩；⟨4+3599,A−250⟩⟨4+3599,B+125⟩；⟨5+3599,A−250⟩⟨5+3599,B+125⟩；⟨6−2749,C−125⟩⟨6−2749,D+249⟩									
1跨.上通长筋1	Φ	20	300⌐_____7650_____⌐300	250−25+15*d+7200+250−25+15*d	3	12	8.25	99	244.53
1跨.下部钢筋1	Φ	25	75⌐_____7650_____⌐75	12*d+7200+12*d	4	16	7.8	124.8	480.48
1跨.箍筋1	Φ	8	450 ⌐150⌐	2*((200−2*25)+(500−2*25))+2*(11.9*d)+(8*d)	49	196	1.454	284.984	112.569
构件名称：KL6[410]				构件数量：1			本构件钢筋重：592.168kg		
构件位置：⟨1−124,E+124⟩⟨2,E+124⟩⟨3,E+124⟩									
1跨.上通长筋1	Φ	22	330⌐_____14850_____⌐330	500−25+15*d+13900+500−25+15*d	2	2	15.51	31.02	92.44
1跨.左支座筋1	Φ	22	330⌐_____2708_____	500−25+15*d+6700/3	2	2	3.038	6.076	18.106
1跨.右支座筋1	Φ	22	_____4966_____	6700/3+500+6700/3	2	2	4.966	9.932	29.597
1跨.侧面构造筋1	Φ	12	_____7060_____	15*d+6700+15*d	4	4	7.06	28.24	25.077
1跨.下部钢筋1	Φ	20	300⌐_____7915_____	500−25+15*d+6700+37*d	4	4	8.215	32.86	81.164
2跨.右支座筋1	Φ	22	330⌐_____2708_____	6700/3+500−25+15*d	1	1	3.038	3.038	9.053
2跨.右支座筋2	Φ	22	330⌐____2150____	6700/4+500−25+15*d	2	2	2.48	4.96	14.781

（续）

楼层名称:首层（绘图输入）							钢筋总重:27363.173kg		
筋号	级别	直径	钢筋图形	计算公式	根数	总根数	单长 m	总长 m	总重 kg
构件名称:KL6[410]				构件数量:1			本构件钢筋重:592.168kg		
构件位置:〈1-124,E+124〉〈2,E+124〉〈3,E+124〉									
2跨.侧面受扭筋1	Φ	12	7444	$31*d+6700+31*d$	8	8	7.444	59.552	52.882
2跨.下部钢筋1	Φ	20	300┗ 7650 ┛300	$500-25+15*d+6700+$ $500-25+15*d$	4	4	8.25	33	81.51
1跨.箍筋1	φ	8	750 | 200 |	$2*((250-2*25)+$ $(800-2*25))+$ $2*(11.9*d)+(8*d)$	47	47	2.154	101.238	39.989
1跨.拉筋1	φ	8	200	$(250-2*25)+2*$ $(11.9*d)+(2*d)$	36	36	0.406	14.616	5.773
2跨.箍筋1	Φ	12	1030 | 200 |	$2*((250-2*25)+$ $(1080-2*25))+$ $2*(11.9*d)+(8*d)$	51	51	2.842	144.942	128.708
2跨.拉筋1	φ	8	200	$(250-2*25)+2*$ $(11.9*d)+(2*d)$	72	72	0.406	29.232	11.547
2跨.上部梁垫铁.1	Φ	25	200	$250-2*25$	2	2	0.2	0.4	1.54
构件名称:B-1[633]				构件数量:1			本构件钢筋重:8498.156kg		
构件位置:〈6+249,C-825〉〈1-124,C-825〉;〈3-1899,D+124〉〈3-1899,A-250〉; 〈6+249,B-1287〉〈1-124,B-1287〉;〈2-262,E+124〉〈2-262,A-250〉									
SLJ-1.1	φ	10	36235	$36125+max(250/2,5*d)-$ $15+12.5*d+1360$	47	47	37.72	1772.84	1093.842
SLJ-1.2	φ	10	33360	$33275+max(200/2,5*d)-$ $15+12.5*d+1360$	36	36	34.845	1254.42	773.977
SLJ-1.3	φ	10	26300	$25950+max(200/2,5*d)+$ $250+12.5*d+1020$	1	1	27.445	27.445	16.934
SLJ-1.4	φ	10	360	$125+250-15+12.5*d$	1	1	0.485	0.485	0.299
SLJ-1.5	φ	10	11745	$11775-15-15+$ $12.5*d+340$	33	33	12.21	402.93	248.608
SLJ-1.1	φ	10	9600	$9350+max(250/2,$ $5*d)+max(250/2,$ $5*d)+12.5*d+340$	17	17	10.065	171.105	105.572
SLJ-1.2	φ	10	17035	$16925-15+max(250/2,$ $5*d)+12.5*d+680$	101	101	17.84	1801.84	1111.735

（续）

楼层名称:首层(绘图输入)							钢筋总重:27363.173kg		
筋号	级别	直径	钢筋图形	计算公式	根数	总根数	单长 m	总长 m	总重 kg
构件名称:B-1[633]				构件数量:1			本构件钢筋重:8498.156kg		

构件位置:〈6+249,C−825〉〈1−124,C−825〉;〈3−1899,D+124〉〈3−1899,A−250〉;
〈6+249,B−1287〉〈1−124,B−1287〉;〈2−262,E+124〉〈2−262,A−250〉

筋号	级别	直径	钢筋图形	计算公式	根数	总根数	单长 m	总长 m	总重 kg
SLJ-1.3	Φ	10	9585	$9475-15+\max(250/2,5*d)+12.5*d+340$	2	2	10.05	20.1	12.402
SLJ-1.4	Φ	10	360	$125-15+250+12.5*d$	2	2	0.485	0.97	0.598
SLJ-1.5	Φ	10	359	$124-15+250+12.5*d$	1	1	0.484	0.484	0.299
SLJ-1.6	Φ	10	2150	$1900+\max(250/2,5*d)+\max(250/2,5*d)+12.5*d$	2	2	2.275	4.55	2.807
SLJ-1.7	Φ	10	23650	$23400+\max(250/2,5*d)+\max(250/2,5*d)+12.5*d+1020$	56	56	24.795	1388.52	856.717
SLJ-1.8	Φ	10	16200	$15950+\max(250/2,5*d)+\max(250/2,5*d)+12.5*d+680$	2	2	17.005	34.01	20.984
SLJ-1.9	Φ	10	6850	$6475+\max(250/2,5*d)+250+12.5*d$	1	1	6.975	6.975	4.304
SLJ-1.1	Φ	10	36235	$36125+\max(250/2,5*d)-15+12.5*d+1360$	47	47	37.72	1772.84	1093.842
SLJ-1.2	Φ	10	33360	$33275+\max(200/2,5*d)-15+12.5*d+1360$	36	36	34.845	1254.42	773.977
SLJ-1.3	Φ	10	26300	$25950+\max(200/2,5*d)+250+12.5*d+1020$	1	1	27.445	27.445	16.934
SLJ-1.4	Φ	10	360	$125+250-15+12.5*d$	1	1	0.485	0.485	0.299
SLJ-1.5	Φ	10	11745	$11775-15-15+12.5*d+340$	33	33	12.21	402.93	248.608
SLJ-1.1	Φ	10	9600	$9350+\max(250/2,5*d)+\max(250/2,5*d)+12.5*d+340$	17	17	10.065	171.105	105.572
SLJ-1.2	Φ	10	17035	$16925-15+\max(250/2,5*d)+12.5*d+680$	101	101	17.84	1801.84	1111.735

（续）

楼层名称:首层（绘图输入）									钢筋总重:27363.173kg
筋号	级别	直径	钢筋图形	计算公式	根数	总根数	单长 m	总长 m	总重 kg

构件名称:B-1[633]　　　　　　　　　构件数量:1　　　　　　　　　　本构件钢筋重:8498.156kg

构件位置:〈6 + 249,C − 825〉〈1 − 124,C − 825〉；〈3 − 1899,D + 124〉〈3 − 1899,A − 250〉；
〈6 + 249,B − 1287〉〈1 − 124,B − 1287〉；〈2 − 262,E + 124〉〈2 − 262,A − 250〉

筋号	级别	直径	钢筋图形	计算公式	根数	总根数	单长 m	总长 m	总重 kg
SLJ-1.3	Φ	10	⌐——9585——¬	$9475 − 15 + \max(250/2, 5*d) + 12.5*d + 340$	2	2	10.05	20.1	12.402
SLJ-1.4	Φ	10	⌐——360——¬	$125 − 15 + 250 + 12.5*d$	2	2	0.485	0.97	0.598
SLJ-1.5	Φ	10	⌐——359——¬	$124 − 15 + 250 + 12.5*d$	1	1	0.484	0.484	0.299
SLJ-1.6	Φ	10	⌐——2150——¬	$1900 + \max(250/2, 5*d) + \max(250/2, 5*d) + 12.5*d$	2	2	2.275	4.55	2.807
SLJ-1.7	Φ	10	⌐——23650——¬	$23400 + \max(250/2, 5*d) + \max(250/2, 5*d) + 12.5*d + 1020$	56	56	24.795	1388.52	856.717
SLJ-1.8	Φ	10	⌐——16200——¬	$15950 + \max(250/2, 5*d) + \max(250/2, 5*d) + 12.5*d + 680$	2	2	17.005	34.01	20.984
SLJ-1.9	Φ	10	⌐——6850——¬	$6475 + \max(250/2, 5*d) + 250 + 12.5*d$	1	1	6.975	6.975	4.304

构件名称:B-3[725]　　　　　　　　　构件数量:1　　　　　　　　　　本构件钢筋重:730.671kg

构件位置:〈6 + 249,A − 1083〉〈6 − 2699,A − 1083〉；〈6 − 1716,A − 250〉〈6 − 1716,A − 1500〉；
〈6 + 249,A − 666〉〈6 − 2699,A − 666〉；〈6 − 733,A − 250〉〈6 − 733,A − 1500〉；〈5 + 2700,A − 1083〉〈5 − 2699,A − 1083〉；
〈5 − 899,A − 249〉〈5 − 899,A − 1500〉；〈5 + 2700,A − 666〉〈5 − 2699,A − 666〉；〈5 + 900,A − 249〉〈5 + 900,A − 1500〉；
〈4 + 2700,A − 1083〉〈4 − 2699,A − 1083〉；〈4 + 899,A − 249〉〈4 − 899,A − 1499〉；〈4 + 2700,A − 666〉〈4 − 2699,A − 666〉；
〈4 + 900,A − 249〉〈4 + 900,A − 1499〉；〈3 + 2700,A − 1083〉〈3 − 2699,A − 1083〉；〈3 − 899,A − 249〉〈3 − 899,A − 1500〉；
〈3 + 2700,A − 666〉〈3 − 2699,A − 666〉；〈3 + 900,A − 249〉〈3 + 900,A − 1500〉；〈2 + 2700,A − 1083〉〈2 − 2699,A − 1083〉；
〈2 − 899,A − 249〉〈2 − 899,A − 1500〉；〈2 + 2700,A − 666〉〈2 − 2699,A − 666〉；〈2 + 900,A − 249〉〈2 + 900,A − 1500〉；
〈1 + 2700,A − 1083〉〈1 − 249,A − 1083〉；〈1 + 733,A − 250〉〈1 + 733,A − 1500〉；〈1 + 2700,A − 666〉〈1 − 249,A − 666〉；
〈1 + 1716,A − 250〉〈1 + 1716,A − 1500〉；〈1 − 124,C + 899〉〈1 − 1499,C + 899〉；〈1 − 1041,C + 2699〉〈1 − 1041,C〉；
〈1 − 124,C + 1799〉〈1 − 1499,C + 1799〉；〈1 − 583,C + 2699〉〈1 − 583,C〉；〈1 − 124,D − 966〉〈1 − 1499,D − 966〉；
〈1 − 1041,D + 2499〉〈1 −

筋号	级别	直径	钢筋图形	计算公式	根数	总根数	单长 m	总长 m	总重 kg
SLJ-1.1	Φ	10	⌐——2920——¬	$2950 − 15 − 15 + 12.5*d$	7	7	3.045	21.315	13.151
SLJ-1.1	Φ	10	⌐——1360——¬	$1250 + \max(250/2, 5*d) − 15 + 12.5*d$	16	16	1.485	23.76	14.66

（续）

楼层名称:首层(绘图输入)					钢筋总重:27363.173kg				
筋号	级别	直径	钢筋图形	计算公式	根数	总根数	单长 m	总长 m	总重 kg

构件名称:B-3[725]　　　　　　　构件数量:1　　　　　　　本构件钢筋重:730.671kg

构件位置:〈6+249,A-1083〉〈6-2699,A-1083〉;〈6-1716,A-250〉〈6-1716,A-1500〉;
〈6+249,A-666〉〈6-2699,A-666〉;〈6-733,A-250〉〈6-733,A-1500〉;〈5+2700,A-1083〉〈5-2699,A-1083〉;
〈5-899,A-249〉〈5-899,A-1500〉;〈5+2700,A-666〉〈5-2699,A-666〉;〈5+900,A-249〉〈5+900,A-1500〉;
〈4+2700,A-1083〉〈4-2699,A-1083〉;〈4+899,A-249〉〈4-899,A-1499〉;〈4+2700,A-666〉〈4-2699,A-666〉;
〈4+900,A-249〉〈4+900,A-1499〉;〈3+2700,A-1083〉〈3-2699,A-1083〉;〈3-899,A-249〉〈3-899,A-1500〉;
〈3+2700,A-666〉〈3-2699,A-666〉;〈3+900,A-249〉〈3+900,A-1500〉;〈2+2700,A-1083〉〈2-2699,A-1083〉;
〈2-899,A-249〉〈2-899,A-1500〉;〈2+2700,A-666〉〈2-2699,A-666〉;〈2+900,A-249〉〈2+900,A-1500〉;
〈1+2700,A-1083〉〈1-249,A-1083〉;〈1+733,A-250〉〈1+733,A-1500〉;〈1+2700,A-666〉〈1-249,A-666〉;
〈1+1716,A-250〉〈1+1716,A-1500〉;〈1-124,C+899〉〈1-1499,C+899〉;〈1-1041,C+2699〉〈1-1041,C〉;
〈1-124,C+1799〉〈1-1499,C+1799〉;〈1-583,C+2699〉〈1-583,C〉;〈1-124,D-966〉〈1-1499,D-966〉;
〈1-1041,D+2499〉〈1-

筋号	级别	直径	钢筋图形	计算公式	根数	总根数	单长 m	总长 m	总重 kg
SLJ-3.1	Φ	10	90⌐ 2920 ⌐90	$2950-15+120-2*15-15+120-2*15$	7	7	3.1	21.7	13.389
SLJ-3.1	Φ	10	90⌐ 1460 ⌐25	$1250+250-15+120-2*15+6.25*d$	16	16	1.638	26.208	16.17
SLJ-1.1	Φ	10	5370	$5400-15-15+12.5*d$	7	7	5.495	38.465	23.733
SLJ-1.1	Φ	10	1360	$1250+\max(250/2,5*d)-15+12.5*d$	28	28	1.485	41.58	25.655
SLJ-3.1	Φ	10	90⌐ 5370 ⌐90	$5400-15+120-2*15-15+120-2*15$	7	7	5.55	38.85	23.97
SLJ-3.1	Φ	10	90⌐ 1460 ⌐25	$1250+250-15+120-2*15+6.25*d$	28	28	1.638	45.864	28.298
SLJ-1.1	Φ	10	5370	$5400-15-15+12.5*d$	7	7	5.495	38.465	23.733
SLJ-1.1	Φ	10	1360	$1250+\max(250/2,5*d)-15+12.5*d$	26	26	1.485	38.61	23.822
SLJ-1.2	Φ	10	1484	$1249+250-15+12.5*d$	2	2	1.609	3.218	1.986
SLJ-3.1	Φ	10	90⌐ 5370 ⌐90	$5400-15+120-2*15-15+120-2*15$	7	7	5.55	38.85	23.97
SLJ-3.1	Φ	10	90⌐ 1460 ⌐25	$1250+250-15+120-2*15+6.25*d$	26	26	1.638	42.588	26.277
SLJ-3.2	Φ	10	90⌐ 1484 ⌐	$1249+250-15+120-2*15+6.25*d$	2	2	1.637	3.274	2.02

（续）

楼层名称：首层（绘图输入）							钢筋总重：27363.173kg		
筋号	级别	直径	钢筋图形	计算公式	根数	总根数	单长 m	总长 m	总重 kg
构件名称：B-3[725]				构件数量：1			本构件钢筋重：730.671kg		

构件位置：⟨6+249,A-1083⟩⟨6-2699,A-1083⟩；⟨6-1716,A-250⟩⟨6-1716,A-1500⟩；
⟨6+249,A-666⟩⟨6-2699,A-666⟩；⟨6-733,A-250⟩⟨6-733,A-1500⟩；⟨5+2700,A-1083⟩⟨5-2699,A-1083⟩；
⟨5-899,A-249⟩⟨5-899,A-1500⟩；⟨5+2700,A-666⟩⟨5-2699,A-666⟩；⟨5+900,A-249⟩⟨5+900,A-1500⟩；
⟨4+2700,A-1083⟩⟨4-2699,A-1083⟩；⟨4+899,A-249⟩⟨4-899,A-1499⟩；⟨4+2700,A-666⟩⟨4-2699,A-666⟩；
⟨4+900,A-249⟩⟨4+900,A-1499⟩；⟨3+2700,A-1083⟩⟨3-2699,A-1083⟩；⟨3-899,A-249⟩⟨3-899,A-1500⟩；
⟨3+2700,A-666⟩⟨3-2699,A-666⟩；⟨3+900,A-249⟩⟨3+900,A-1500⟩；⟨2+2700,A-1083⟩⟨2-2699,A-1083⟩；
⟨2-899,A-249⟩⟨2-899,A-1500⟩；⟨2+2700,A-666⟩⟨2-2699,A-666⟩；⟨2+900,A-249⟩⟨2+900,A-1500⟩；
⟨1+2700,A-1083⟩⟨1-249,A-1083⟩；⟨1+733,A-250⟩⟨1+733,A-1500⟩；⟨1+2700,A-666⟩⟨1-249,A-666⟩；
⟨1+1716,A-250⟩⟨1+1716,A-1500⟩；⟨1-124,C+899⟩⟨1-1499,C+899⟩；⟨1-1041,C+2699⟩⟨1-1041,C⟩；
⟨1-124,C+1799⟩⟨1-1499,C+1799⟩；⟨1-583,C+2699⟩⟨1-583,C⟩；⟨1-124,D-966⟩⟨1-1499,D-966⟩；
⟨1-1041,D+2499⟩⟨1-

筋号	级别	直径	钢筋图形	计算公式	根数	总根数	单长 m	总长 m	总重 kg
SLJ-1.1	Φ	10	5370	$5400-15-15+12.5*d$	7	7	5.495	38.465	23.733
SLJ-1.1	Φ	10	1360	$1250+\max(250/2, 5*d)-15+12.5*d$	28	28	1.485	41.58	25.655
SLJ-3.1	Φ	10	90 ⌐ 5370 ⌐ 90	$5400-15+120-2*15-15+120-2*15$	7	7	5.55	38.85	23.97
SLJ-3.1	Φ	10	90 ⌐ 1460 ⌐ 25	$1250+250-15+120-2*15+6.25*d$	28	28	1.638	45.864	28.298
SLJ-1.1	Φ	10	5370	$5400-15-15+12.5*d$	7	7	5.495	38.465	23.733
SLJ-1.1	Φ	10	1360	$1250+\max(250/2, 5*d)-15+12.5*d$	28	28	1.485	41.58	25.655
SLJ-3.1	Φ	10	90 ⌐ 5370 ⌐ 90	$5400-15+120-2*15-15+120-2*15$	7	7	5.55	38.85	23.97
SLJ-3.1	Φ	10	90 ⌐ 1460 ⌐ 25	$1250+250-15+120-2*15+6.25*d$	28	28	1.638	45.864	28.298
SLJ-1.1	Φ	10	2920	$2950-15-15+12.5*d$	7	7	3.045	21.315	13.151
SLJ-1.1	Φ	10	1360	$1250+\max(250/2, 5*d)-15+12.5*d$	16	16	1.485	23.76	14.66
SLJ-3.1	Φ	10	90 ⌐ 2920 ⌐ 90	$2950-15+120-2*15-15+120-2*15$	7	7	3.1	21.7	13.389
SLJ-3.1	Φ	10	90 ⌐ 1460 ⌐ 25	$1250+250-15+120-2*15+6.25*d$	16	16	1.638	26.208	16.17

（续）

楼层名称：首层（绘图输入）								钢筋总重:27363.173kg	
筋号	级别	直径	钢筋图形	计算公式	根数	总根数	单长 m	总长 m	总重 kg
构件名称：B-3[725]			构件数量:1				本构件钢筋重:730.671kg		

构件位置：〈6+249,A−1083〉〈6−2699,A−1083〉;〈6−1716,A−250〉〈6−1716,A−1500〉;
〈6+249,A−666〉〈6−2699,A−666〉;〈6−733,A−250〉〈6−733,A−1500〉;〈5+2700,A−1083〉〈5−2699,A−1083〉;
〈5−899,A−249〉〈5−899,A−1500〉;〈5+2700,A−666〉〈5−2699,A−666〉;〈5+900,A−249〉〈5+900,A−1500〉;
〈4+2700,A−1083〉〈4−2699,A−1083〉;〈4+899,A−249〉〈4−899,A−1499〉;〈4+2700,A−666〉〈4−2699,A−666〉;
〈4+900,A−249〉〈4+900,A−1499〉;〈3+2700,A−1083〉〈3−2699,A−1083〉;〈3−899,A−249〉〈3−899,A−1500〉;
〈3+2700,A−666〉〈3−2699,A−666〉;〈3+900,A−249〉〈3+900,A−1500〉;〈2+2700,A−1083〉〈2−2699,A−1083〉;
〈2−899,A−249〉〈2−899,A−1500〉;〈2+2700,A−666〉〈2−2699,A−666〉;〈2+900,A−249〉〈2+900,A−1500〉;
〈1+2700,A−1083〉〈1−249,A−1083〉;〈1+733,A−250〉〈1+733,A−1500〉;〈1+2700,A−666〉〈1−249,A−666〉;
〈1+1716,A−250〉〈1+1716,A−1500〉;〈1−124,C+899〉〈1−1499,C+899〉;〈1−1041,C+2699〉〈1−1041,C〉;
〈1−124,C+1799〉〈1−1499,C+1799〉;〈1−583,C+2699〉〈1−583,C〉;〈1−124,D−966〉〈1−1499,D−966〉;
〈1−1041,D+2499〉〈1−

筋号	级别	直径	钢筋图形	计算公式	根数	总根数	单长 m	总长 m	总重 kg
SLJ-1.1	Φ	10	1345	$1375-15-15+12.5*d$	14	14	1.47	20.58	12.698
SLJ-1.1	Φ	10	2810	$2700-15+\max(250/2,5*d)+12.5*d$	1	1	2.935	2.935	1.811
SLJ-1.2	Φ	10	2670	$2950-15-15+12.5*d$	7	7	2.795	19.565	12.072
SLJ-3.1	Φ	10	90 ⌐1345⌐ 90	$1375-15+120-2*15-15+120-2*15$	14	14	1.525	21.35	13.173
SLJ-3.1	Φ	10	90 ⌐2910⌐ 25	$2700-15+120-2*15+250+6.25*d$	1	1	3.088	3.088	1.905
SLJ-3.2	Φ	10	90 ⌐2670⌐ 90	$2700-15+120-2*15-15+120-2*15$	7	7	2.85	19.95	12.309
SLJ-1.1	Φ	10	1345	$1375-15-15+12.5*d$	27	27	1.47	39.69	24.489
SLJ-1.1	Φ	10	5170	$5200-15-15+12.5*d$	8	8	5.295	42.36	26.136
SLJ-3.1	Φ	10	90 ⌐1345⌐ 90	$1375-15+120-2*15-15+120-2*15$	27	27	1.525	41.175	25.405
SLJ-3.1	Φ	10	90 ⌐5170⌐ 90	$5200-15+120-2*15-15+120-2*15$	8	8	5.35	42.8	26.408
SLJ-1.1	Φ	10	1345	$1375-15-15+12.5*d$	14	14	1.47	20.58	12.698
SLJ-1.1	Φ	10	2570	$2600-15-15+12.5*d$	8	8	2.695	21.56	13.303

楼层名称:首层(绘图输入)							钢筋总重:27363.173kg		
筋号	级别	直径	钢筋图形	计算公式	根数	总根数	单长 m	总长 m	总重 kg

构件名称:B-3[725] 　　　　构件数量:1 　　　　本构件钢筋重:730.671kg

构件位置:〈6+249,A-1083〉〈6-2699,A-1083〉;〈6-1716,A-250〉〈6-1716,A-1500〉;
〈6+249,A-666〉〈6-2699,A-666〉;〈6-733,A-250〉〈6-733,A-1500〉;〈5+2700,A-1083〉〈5-2699,A-1083〉;
〈5-899,A-249〉〈5-899,A-1500〉;〈5+2700,A-666〉〈5-2699,A-666〉;〈5+900,A-249〉〈5+900,A-1500〉;
〈4+2700,A-1083〉〈4-2699,A-1083〉;〈4+899,A-249〉〈4-899,A-1499〉;〈4+2700,A-666〉〈4-2699,A-666〉;
〈4+900,A-249〉〈4+900,A-1499〉;〈3+2700,A-1083〉〈3-2699,A-1083〉;〈3-899,A-249〉〈3-899,A-1500〉;
〈3+2700,A-666〉〈3-2699,A-666〉;〈3+900,A-249〉〈3+900,A-1500〉;〈2+2700,A-1083〉〈2-2699,A-1083〉;
〈2-899,A-249〉〈2-899,A-1500〉;〈2+2700,A-666〉〈2-2699,A-666〉;〈2+900,A-249〉〈2+900,A-1500〉;
〈1+2700,A-1083〉〈1-249,A-1083〉;〈1+733,A-250〉〈1+733,A-1500〉;〈1+2700,A-666〉〈1-249,A-666〉;
〈1+1716,A-250〉〈1+1716,A-1500〉;〈1-124,C+899〉〈1-1499,C+899〉;〈1-1041,C+2699〉〈1-1041,C〉;
〈1-124,C+1799〉〈1-1499,C+1799〉;〈1-583,C+2699〉〈1-583,C〉;〈1-124,D-966〉〈1-1499,D-966〉;
〈1-1041,D+2499〉〈1-

筋号	级别	直径	钢筋图形	计算公式	根数	总根数	单长 m	总长 m	总重 kg
SLJ-3.1	Φ	10	90⌐ 1345 ⌐90	1375−15+120−2*15−15+120−2*15	14	14	1.525	21.35	13.173
SLJ-3.1	Φ	10	90⌐ 2570 ⌐90	2600−15+120−2*15−15+120−2*15	8	8	2.75	22	13.574

构件名称:B-2[720] 　　　　构件数量:1 　　　　本构件钢筋重:78.968kg

构件位置:〈2-2699,A-483〉〈1+2700,A-483〉;〈2-3299,A-250〉〈2-3299,A-949〉;
〈3-2699,A-483〉〈2+2700,A-483〉;〈3-3299,A-249〉〈3-3299,A-949〉;〈4-2699,A-483〉〈3+2700,A-483〉;
〈4-3299,A-249〉〈4-3299,A-949〉;〈5-2699,A-483〉〈4+2700,A-483〉;〈5-3299,A-249〉〈5-3299,A-949〉;
〈6-2699,A-483〉〈5+2700,A-483〉;〈6-3299,A-249〉〈6-3299,A-949〉

筋号	级别	直径	钢筋图形	计算公式	根数	总根数	单长 m	总长 m	总重 kg
SLJ-4.1	Φ	10	70⌐ 1770 ⌐70	1800−15+100−2*15−15+100−2*15	5	5	1.91	9.55	5.892
SLJ-2.1	Φ	12	135⌐ 910 ⌐70	700+30*d−15+100−2*15	10	10	1.115	11.15	9.901
SLJ-4.1	Φ	10	70⌐ 1770 ⌐70	1800−15+100−2*15−15+100−2*15	5	5	1.91	9.55	5.892
SLJ-2.1	Φ	12	135⌐ 910 ⌐70	700+30*d−15+100−2*15	10	10	1.115	11.15	9.901
SLJ-4.1	Φ	10	70⌐ 1770 ⌐70	1800−15+100−2*15−15+100−2*15	5	5	1.91	9.55	5.892
SLJ-2.1	Φ	12	135⌐ 910 ⌐70	700+30*d−15+100−2*15	10	10	1.115	11.15	9.901
SLJ-4.1	Φ	10	70⌐ 1770 ⌐70	1800−15+100−2*15−15+100−2*15	5	5	1.91	9.55	5.892
SLJ-2.1	Φ	12	135⌐ 910 ⌐70	700+30*d−15+100−2*15	10	10	1.115	11.15	9.901

（续）

楼层名称:首层(绘图输入)									钢筋总重:27363.173kg
筋号	级别	直径	钢筋图形	计算公式	根数	总根数	单长 m	总长 m	总重 kg
构件名称:B-2[720]			构件数量:1				本构件钢筋重:78.968kg		

构件位置:$\langle 2-2699,A-483\rangle\langle 1+2700,A-483\rangle$；$\langle 2-3299,A-250\rangle\langle 2-3299,A-949\rangle$；
$\langle 3-2699,A-483\rangle\langle 2+2700,A-483\rangle$；$\langle 3-3299,A-249\rangle\langle 3-3299,A-949\rangle$；$\langle 4-2699,A-483\rangle\langle 3+2700,A-483\rangle$；
$\langle 4-3299,A-249\rangle\langle 4-3299,A-949\rangle$；$\langle 5-2699,A-483\rangle\langle 4+2700,A-483\rangle$；$\langle 5-3299,A-249\rangle\langle 5-3299,A-949\rangle$；
$\langle 6-2699,A-483\rangle\langle 5+2700,A-483\rangle$；$\langle 6-3299,A-249\rangle\langle 6-3299,A-949\rangle$

筋号	级别	直径	钢筋图形	计算公式	根数	总根数	单长 m	总长 m	总重 kg
SLJ-4.1	Φ	10	70 ⌐1770⌐ 70	$1800-15+100-2*15-15+100-2*15$	5	5	1.91	9.55	5.892
SLJ-2.1	Φ	12	135 ⌐910⌐ 70	$700+30*d-15+100-2*15$	10	10	1.115	11.15	9.901
构件名称:B-1[648]			构件数量:1				本构件钢筋重:123.876kg		

构件位置:$\langle 3-2749,E+800\rangle\langle 2+199,E+800\rangle$；$\langle 2+1616,E+2150\rangle\langle 2+1616,E+124\rangle$；
$\langle 3-2749,E+1475\rangle\langle 2+199,E+1475\rangle$；$\langle 2+3033,E+2150\rangle\langle 2+3033,E+124\rangle$

筋号	级别	直径	钢筋图形	计算公式	根数	总根数	单长 m	总长 m	总重 kg
SLJ-1.1	Φ	10	4220	$4250-15-15+12.5*d$	10	10	4.345	43.45	26.809
SLJ-1.1	Φ	10	2010	$1900-15+\max(250/2,5*d)+12.5*d$	22	22	2.135	46.97	28.98
SLJ-3.1	Φ	10	90 ⌐4220⌐ 90	$4250-15+120-2*15-15+120-2*15$	10	10	4.4	44	27.148
SLJ-4.1	Φ	10	90 ⌐2110⌐ 25	$1900-15+120-2*15+250+6.25*d$	29	29	2.288	66.352	40.939
构件名称:B-3[790]			构件数量:1				本构件钢筋重:84.249kg		

构件位置:$\langle 6+1900,B+666\rangle\langle 6+250,B+666\rangle$；$\langle 6+800,C+399\rangle\langle 6+800,B-400\rangle$；
$\langle 6+1900,C-666\rangle\langle 6+250,C-666\rangle$；$\langle 6+1350,C+399\rangle\langle 6+1350,B-400\rangle$

筋号	级别	直径	钢筋图形	计算公式	根数	总根数	单长 m	总长 m	总重 kg
SLJ-1.1	Φ	10	1760	$1650-15+\max(250/2,5*d)+12.5*d$	17	17	1.885	32.045	19.772
SLJ-1.1	Φ	10	3170	$3200-15-15+12.5*d$	9	9	3.295	29.655	18.297
SLJ-3.1	Φ	10	90 ⌐1860⌐ 25	$1650-15+120-2*15+250+6.25*d$	17	17	2.038	34.646	21.377
SLJ-4.1	Φ	10	90 ⌐3170⌐ 90	$3200-15+120-2*15-15+120-2*15$	12	12	3.35	40.2	24.803
构件名称:FJ-1			构件数量:1				本构件钢筋重:36.026kg		

构件位置:$\langle 1+2509,E-725\rangle\langle 1+2509,E+124\rangle$

筋号	级别	直径	钢筋图形	计算公式	根数	总根数	单长 m	总长 m	总重 kg
FJ-1[639].1	Φ	10	90 ⌐950⌐ 25	$725+90+250+6.25*d$	38	38	1.128	42.864	26.447
FJ-1[639].1	Φ	8	4850	$4550+150+150$	5	5	4.85	24.25	9.579

（续）

楼层名称:首层（绘图输入）								钢筋总重:27363.173kg		
筋号	级别	直径	钢筋图形	计算公式	根数	总根数	单长 m	总长 m	总重 kg	

构件名称:FJ-2　　　　　　　　构件数量:1　　　　　　　　本构件钢筋重:240.629kg

构件位置:〈1-1400,E-1294〉〈1+1500,E-1294〉;〈1+1400,D+1925〉〈1-1499,D+1925〉;
〈1+1400,D-2468〉〈1-1499,D-2468〉

筋号	级别	直径	钢筋图形	计算公式	根数	总根数	单长 m	总长 m	总重 kg
FJ-2[641].1	Φ	12	90 ⌐ 2900	1400+1500+90	5	5	2.99	14.95	13.276
FJ-2[641].2	Φ	12	90 ⌐ 2900 ⌐90	1400+1500+90+90	12	12	3.08	36.96	32.82
FJ-2[641].3	Φ	12	90 ⌐ 1500 ⌐135	1275+90+30*d	1	1	1.725	1.725	1.532
FJ-2[641].1	Φ	8	1000	900-50+150	9	9	1	9	3.555
FJ-2[641].2	Φ	8	1975	1675+150+150	11	11	1.975	21.725	8.581
FJ-2[642].1	Φ	12	90 ⌐ 2900	1400+1500+90	4	4	2.99	11.96	10.62
FJ-2[642].2	Φ	12	90 ⌐ 2900 ⌐90	1400+1500+90+90	13	13	3.08	40.04	35.556
FJ-2[642].1	Φ	8	1575	1275+150+150	10	10	1.575	15.75	6.221
FJ-2[642].2	Φ	8	950	850-50+150	10	10	0.95	9.5	3.753
FJ-2[643].1	Φ	12	90 ⌐ 2900 ⌐90	1400+1500+90+90	27	27	3.08	83.16	73.846
FJ-2[643].2	Φ	12	90 ⌐ 2900	1400+1500+90	8	8	2.99	23.92	21.241
FJ-2[643].3	Φ	12	185 ⌐ 1675	1500+30*d	2	2	1.86	3.72	3.303
FJ-2[643].4	Φ	12	135 ⌐ 1475	1250+30*d	1	1	1.61	1.61	1.43
FJ-2[643].1	Φ	8	2025	1725+150+150	10	10	2.025	20.25	7.999
FJ-2[643].2	Φ	8	1975	1675+150+150	10	10	1.975	19.75	7.801
FJ-2[643].3	Φ	8	2100	1800+150+150	10	10	2.1	21	8.295
FJ-2[643].4	Φ	8	225	125-50+150	9	9	0.225	2.025	0.8

构件名称:FJ-3　　　　　　　　构件数量:1　　　　　　　　本构件钢筋重:106.035kg

构件位置:〈2-1149,E-921〉〈2+1400,E-921〉;〈2-1149,D+2290〉〈2+1400,D+2290〉

筋号	级别	直径	钢筋图形	计算公式	根数	总根数	单长 m	总长 m	总重 kg
FJ-3[644].1	Φ	12	90 ⌐ 2550 ⌐90	1150+1400+90+90	17	17	2.73	46.41	41.212

（续）

楼层名称:首层（绘图输入）								钢筋总重:27363.173kg	
筋号	级别	直径	钢筋图形	计算公式	根数	总根数	单长 m	总长 m	总重 kg
构件名称:FJ-3			构件数量:1			本构件钢筋重:106.035kg			
构件位置:〈2-1149,E-921〉〈2+1400,E-921〉;〈2-1149,D+2290〉〈2+1400,D+2290〉									
FJ-3[644].1	Φ	8	1975	1675+150+150	8	8	1.975	15.8	6.241
FJ-3[644].2	Φ	8	3150	3250-50-50	1	1	3.15	3.15	1.244
FJ-3[644].3	Φ	8	1475	1375-50+150	8	8	1.475	11.8	4.661
FJ-3[645].1	Φ	12	90⌐ 2550 ⌐90	1150+1400+90+90	17	17	2.73	46.41	41.212
FJ-3[645].1	Φ	8	1575	1275+150+150	8	8	1.575	12.6	4.977
FJ-3[645].2	Φ	8	1825	1725-50+150	9	9	1.825	16.425	6.488
构件名称:FJ-4			构件数量:1			本构件钢筋重:136.722kg			
构件位置:〈2+3300,E-1624〉〈3-2749,E-1624〉;〈4+2462,D-1150〉〈4+2462,D〉;〈5+2501,D-1149〉〈5+2501,D〉;〈5+3300,D-2730〉〈6-2749,D-2730〉									
FJ-4[646].1	Φ	10	90⌐ 1150 ⌐90	1150+90+90	33	33	1.33	43.89	27.08
FJ-4[646].1	Φ	8	3650	3350+150+150	8	8	3.65	29.2	11.534
FJ-4[671].1	Φ	10	90⌐ 1150 ⌐90	1150+90+90	20	20	1.33	26.6	16.412
FJ-4[671].1	Φ	8	1725	1425+150+150	8	8	1.725	13.8	5.451
FJ-4[674].1	Φ	10	90⌐ 1150 ⌐90	1150+90+90	22	22	1.33	29.26	18.053
FJ-4[674].1	Φ	8	2350	2050+150+150	8	8	2.35	18.8	7.426
FJ-4[675].1	Φ	10	90⌐ 1225 ⌐75	1050+90+250+6.25*d	38	38	1.453	55.214	34.067
FJ-4[675].1	Φ	8	5325	5025+150+150	2	2	5.325	10.65	4.207
FJ-4[675].2	Φ	8	6325	6025+150+150	5	5	6.325	31.625	12.492

（续）

楼层名称：首层（绘图输入）							钢筋总重：27363.173kg		
筋号	级别	直径	钢筋图形	计算公式	根数	总根数	单长 m	总长 m	总重 kg

构件名称：a10@150- -　　　　　　构件数量：1　　　　　　本构件钢筋重：379.599kg

构件位置：〈2+2496,E−1875〉〈2+2496,E+2224〉；〈3+2699,D−2312〉〈4−2700,D−2312〉；〈5+2699,B−1352〉〈6−2700,B−1352〉；〈1+2699,B−2238〉〈2−2700,B−2238〉；〈2−600,C−1197〉〈2+799,C−1197〉；〈3−599,B+1175〉〈3+800,B+1175〉；〈4−475,B+961〉〈4+924,B+961〉；〈5−599,B+932〉〈5+800,B+932〉

筋号	级别	直径	钢筋图形	计算公式	根数	总根数	单长 m	总长 m	总重 kg
a10@150- -[647].1	Φ	10	90⌐ 4100 ⌐	2000+2100+90+6.25*d	22	22	4.253	93.566	57.73
a10@150- -[647].2	Φ	10	⌐ 4100 ⌐	2000+2100+12.5*d	15	15	4.225	63.375	39.102
a10@150- -[647].1	Φ	8	2850	2750−50+150	25	25	2.85	71.25	28.144
a10@150- -[647].2	Φ	8	2200	1900+150+150	13	13	2.2	28.6	11.297
a10@150- -[647].3	Φ	8	6900	7000−50−50	1	1	6.9	6.9	2.726
a10@150- -[667].1	Φ	10	90⌐ 1800 ⌐90	900+900+90+90	38	38	1.98	75.24	46.423
a10@150- -[667].1	Φ	8	5700	5400+150+150	10	10	5.7	57	22.515
a10@150- -[677].1	Φ	10	90⌐ 1800 ⌐90	900+900+90+90	37	37	1.98	73.26	45.201
a10@150- -[677].1	Φ	8	5350	5050+150+150	10	10	5.35	53.5	21.133
a10@150- -[686].1	Φ	10	90⌐ 1800 ⌐90	900+900+90+90	37	37	1.98	73.26	45.201
a10@150- -[686].1	Φ	8	5350	5050+150+150	10	10	5.35	53.5	21.133
a10@150- -[694].1	Φ	10	90⌐ 1400 ⌐90	600+800+90+90	10	10	1.58	15.8	9.749
a10@150- -[695].1	Φ	10	90⌐ 1400 ⌐90	600+800+90+90	10	10	1.58	15.8	9.749
a10@150- -[696].1	Φ	10	90⌐ 1400 ⌐90	600+800+90+90	10	10	1.58	15.8	9.749
a10@150- -[697].1	Φ	10	90⌐ 1400 ⌐90	600+800+90+90	10	10	1.58	15.8	9.749

（续）

楼层名称:首层（绘图输入）									钢筋总重:27363.173kg	
筋号	级别	直径	钢筋图形	计算公式	根数	总根数	单长 m	总长 m	总重 kg	
构件名称:FJ-5			构件数量:1				本构件钢筋重:183.286kg			
构件位置:〈1+2051,D-774〉〈1+2051,D+1225〉;〈1+2559,C+2700〉〈1+2559,D-2499〉										
FJ-5〔651〕.1	Φ	10	90 ⌐ 2000 ⌐ 90	900+1100+90+90	50	50	2.18	109	67.253	
FJ-5〔651〕.1	Φ	8	4850	4550+150+150	6	6	4.85	29.1	11.495	
FJ-5〔651〕.2	Φ	8	4950	4650+150+150	8	8	4.95	39.6	15.642	
FJ-5〔652〕.1	Φ	10	90 ⌐ 2000 ⌐ 90	900+1100+90+90	49	49	2.18	106.82	65.908	
FJ-5〔652〕.1	Φ	8	4850	4550+150+150	12	12	4.85	58.2	22.989	
构件名称:FJ-6			构件数量:1				本构件钢筋重:223.2836kg			
构件位置:〈2-1249,D-2309〉〈2+3550,D-2309〉;〈2-1249,C+2429〉〈2+3550,C+2429〉										
FJ-6〔653〕.1	Φ	12	185 ⌐ 3725 ⌐ 90	3550+30*d+90	1	1	4	4	3.552	
FJ-6〔653〕.2	Φ	12	90 ⌐ 4800 ⌐ 90	1250+3550+90+90	18	18	4.98	89.64	79.6	
FJ-6〔653〕.1	Φ	8	2025	1725+150+150	9	9	2.025	18.225	7.199	
FJ-6〔653〕.2	Φ	8	2575	2475-50+150	13	13	2.575	33.475	13.223	
FJ-6〔653〕.3	Φ	8	2325	2225-50+150	8	8	2.325	18.6	7.347	
FJ-6〔654〕.1	Φ	12	90 ⌐ 4800 ⌐ 90	1250+3550+90+90	18	18	4.98	89.64	79.6	
FJ-6〔654〕.2	Φ	12	185 ⌐ 3725 ⌐ 90	3550+30*d+90	1	1	4	4	3.552	
FJ-6〔654〕.1	Φ	8	1975	1675+150+150	9	9	1.975	17.775	7.021	
FJ-6〔654〕.2	Φ	8	2675	2575-50+150	21	21	2.675	56.175	22.189	
构件名称:FJ-7			构件数量:1				本构件钢筋重:54.527kg			
构件位置:〈2+3391,D+1375〉〈2+3391,D-1374〉;〈2+1066,D-1124〉〈2+1066,D+1625〉										
FJ-7〔656〕.1	Φ	10	90 ⌐ 1425 ⌐ 75	1250+90+250+6.25*d	1	1	1.653	1.653	1.02	
FJ-7〔656〕.2	Φ	10	90 ⌐ 2750 ⌐ 90	1250+1500+90+90	11	11	2.93	32.23	19.886	
FJ-7〔656〕.1	Φ	8	1200	1100-50+150	9	9	1.2	10.8	4.266	
FJ-7〔656〕.2	Φ	8	1000	900-50+150	10	10	1	10	3.95	
FJ-7〔657〕.1	Φ	10	90 ⌐ 1675 ⌐ 75	1500+250+90+6.25*d	1	1	1.903	1.903	1.174	

（续）

楼层名称:首层(绘图输入)									钢筋总重:27363.173kg	
筋号	级别	直径	钢筋图形	计算公式	根数	总根数	单长 m	总长 m	总重 kg	

构件名称:FJ-7　　　　　　构件数量:1　　　　　　本构件钢筋重:54.527kg

构件位置:⟨2+3391,D+1375⟩⟨2+3391,D−1374⟩;⟨2+1066,D−1124⟩⟨2+1066,D+1625⟩

筋号	级别	直径	钢筋图形	计算公式	根数	总根数	单长 m	总长 m	总重 kg
FJ-7[657].2	Φ	10	90⌐ 2750 ⌐90	1250+1500+90+90	11	11	2.93	32.23	19.886
FJ-7[657].1	Φ	8	2000	2100−50+150	1	1	2	2	0.79
FJ-7[657].2	Φ	8	900	800−50+150	10	10	0.9	9	3.555

构件名称:B12@200　　　　　　构件数量:1　　　　　　本构件钢筋重:86.665kg

构件位置:⟨1+2621,E−2399⟩⟨1+2621,D+2500⟩

筋号	级别	直径	钢筋图形	计算公式	根数	总根数	单长 m	总长 m	总重 kg
B12@200 [658].1	Φ	12	90⌐ 1700 ⌐90	850+850+90+90	38	38	1.88	71.44	63.439
B12@200 [658].1	Φ	8	4850	4550+150+150	6	6	4.85	29.1	11.495
B12@200 [658].2	Φ	8	4950	4650+150+150	6	6	4.95	29.7	11.732

构件名称:FJ-9　　　　　　构件数量:1　　　　　　本构件钢筋重:586.263kg

构件位置:⟨1+1711,B−774⟩⟨1+1711,C+1025⟩;⟨2+1664,B−774⟩⟨2+1664,C+1025⟩;
⟨3+1533,B−774⟩⟨3+1533,C+1025⟩;⟨4−2667,B−774⟩⟨4−2667,C+1025⟩;⟨4+2374,B−774⟩⟨4+2374,C+1025⟩;
⟨5−1399,B−774⟩⟨5−1399,C+1025⟩;⟨5+2095,B−774⟩⟨5+2095,C+1025⟩

筋号	级别	直径	钢筋图形	计算公式	根数	总根数	单长 m	总长 m	总重 kg
FJ-9[659].1	Φ	10	90⌐ 4200 ⌐90	900+3300+90+90	36	36	4.38	157.68	97.289
FJ-9[659].2	Φ	10	90⌐ 3400 ⌐25	3175+250+90+6.25*d	2	2	3.578	7.156	4.415
FJ-9[659].1	Φ	8	2100	1800+150+150	5	5	2.1	10.5	4.148
FJ-9[659].2	Φ	8	2225	1925+150+150	5	5	2.225	11.125	4.394
FJ-9[659].3	Φ	8	6425	6125+150+150	13	13	6.425	83.525	32.992
FJ-9[659].4	Φ	8	4850	4550+150+150	7	7	4.85	33.95	13.41
FJ-9[660].1	Φ	10	90⌐ 3400 ⌐25	3175+250+90+6.25*d	1	1	3.578	3.578	2.208
FJ-9[660].2	Φ	10	90⌐ 4200 ⌐90	900+3300+90+90	17	17	4.38	74.46	45.942
FJ-9[660].3	Φ	10	90⌐ 3150 ⌐25	900+2050+90+250+6.25*d	1	1	3.328	3.328	2.053

（续）

楼层名称:首层(绘图输入)							钢筋总重:27363.173kg		
筋号	级别	直径	钢筋图形	计算公式	根数	总根数	单长 m	总长 m	总重 kg

构件名称:FJ-9　　　　　　　　构件数量:1　　　　　　　　本构件钢筋重:586.263kg

构件位置:$\langle 1+1711,B-774\rangle\langle 1+1711,C+1025\rangle;\langle 2+1664,B-774\rangle\langle 2+1664,C+1025\rangle;$
$\langle 3+1533,B-774\rangle\langle 3+1533,C+1025\rangle;\langle 4-2667,B-774\rangle\langle 4-2667,C+1025\rangle;\langle 4+2374,B-774\rangle\langle 4+2374,C+1025\rangle;$
$\langle 5-1399,B-774\rangle\langle 5-1399,C+1025\rangle;\langle 5+2095,B-774\rangle\langle 5+2095,C+1025\rangle$

筋号	级别	直径	钢筋图形	计算公式	根数	总根数	单长 m	总长 m	总重 kg
FJ-9[660].1	Φ	8	1900	$1600+150+150$	5	5	1.9	9.5	3.753
FJ-9[660].2	Φ	8	2900	$2800-50+150$	13	13	2.9	37.7	14.892
FJ-9[701].1	Φ	10	25 ⌐ 2350 ⌐ 25	$1900+250+250+12.5*d$	1	1	2.525	2.525	1.558
FJ-9[701].2	Φ	10	90 ⌐ 4200 ⌐ 90	$900+3300+90+90$	18	18	4.38	78.84	48.644
FJ-9[701].1	Φ	8	1900	$1600+150+150$	5	5	1.9	9.5	3.753
FJ-9[701].2	Φ	8	2900	$2800-50+150$	13	13	2.9	37.7	14.892
FJ-9[701].3	Φ	8	1750	$1450+150+150$	7	7	1.75	12.25	4.839
FJ-9[702].1	Φ	10	90 ⌐ 4200 ⌐ 90	$900+3300+90+90$	18	18	4.38	78.84	48.644
FJ-9[702].2	Φ	10	25 ⌐ 2350 ⌐ 25	$1900+250+250+12.5*d$	1	1	2.525	2.525	1.558
FJ-9[702].1	Φ	8	2025	$1725+150+150$	5	5	2.025	10.125	3.999
FJ-9[702].2	Φ	8	3225	$3125-50+150$	13	13	3.225	41.925	16.56
FJ-9[702].3	Φ	8	1875	$1575+150+150$	7	7	1.875	13.125	5.184
FJ-9[703].1	Φ	10	90 ⌐ 3400 ⌐ 25	$3175+250+90+6.25*d$	1	1	3.578	3.578	2.208
FJ-9[703].2	Φ	10	90 ⌐ 4200 ⌐ 90	$900+3300+90+90$	17	17	4.38	74.46	45.942
FJ-9[703].1	Φ	8	1775	$1475+150+150$	5	5	1.775	8.875	3.506
FJ-9[703].2	Φ	8	2775	$2675-50+150$	13	13	2.775	36.075	14.25

（续）

楼层名称：首层（绘图输入）								钢筋总重：27363.173kg		
筋号	级别	直径	钢筋图形	计算公式	根数	总根数	单长 m	总长 m	总重 kg	

构件名称：FJ-9　　　　　　　　　构件数量：1　　　　　　　　　本构件钢筋重：586.263kg

构件位置：〈1+1711,B-774〉〈1+1711,C+1025〉；〈2+1664,B-774〉〈2+1664,C+1025〉；
〈3+1533,B-774〉〈3+1533,C+1025〉；〈4-2667,B-774〉〈4-2667,C+1025〉；〈4+2374,B-774〉〈4+2374,C+1025〉；
〈5-1399,B-774〉〈5-1399,C+1025〉；〈5+2095,B-774〉〈5+2095,C+1025〉

筋号	级别	直径	钢筋图形	计算公式	根数	总根数	单长 m	总长 m	总重 kg
FJ-9[703].3	Φ	8	1725	1425+150+150	7	7	1.725	12.075	4.77
FJ-9[704].1	Φ	10	90⌐ 4200 ⌐90	900+3300+90+90	16	16	4.38	70.08	43.239
FJ-9[704].2	Φ	10	90⌐ 3150 ⌐25	900+2050+90+250+6.25*d	1	1	3.328	3.328	2.053
FJ-9[704].3	Φ	10	90⌐ 3400 ⌐25	3175+250+90+6.25*d	1	1	3.578	3.578	2.208
FJ-9[704].1	Φ	8	1900	1600+150+150	5	5	1.9	9.5	3.753
FJ-9[704].2	Φ	8	3100	3000-50+150	13	13	3.1	40.3	15.919
FJ-9[705].1	Φ	10	90⌐ 3400 ⌐25	3175+250+90+6.25*d	1	1	3.578	3.578	2.208
FJ-9[705].2	Φ	10	90⌐ 4200 ⌐90	900+3300+90+90	17	17	4.38	74.46	45.942
FJ-9[705].1	Φ	8	1900	1600+150+150	5	5	1.9	9.5	3.753
FJ-9[705].2	Φ	8	2900	2800-50+150	13	13	2.9	37.7	14.892
FJ-9[705].3	Φ	8	2350	2050+150+150	7	7	2.35	16.45	6.498

构件名称：FJ-11　　　　　　　　　构件数量：1　　　　　　　　　本构件钢筋重：167.828kg

构件位置：〈1+775,B-2873〉〈1-124,B-2873〉；〈3+1890,D-774〉〈3+1890,D+125〉〈4-2427,D-774〉
〈4-2427,D+125〉；〈5-1707,D-900〉〈5-1707,D〉；〈6-900,B-2827〉〈6,B-2827〉

筋号	级别	直径	钢筋图形	计算公式	根数	总根数	单长 m	总长 m	总重 kg
FJ-11[661].1	Φ	10	90⌐ 900 ⌐90	900+90+90	37	37	1.08	39.96	24.655
FJ-11[661].1	Φ	8	5350	5050+150+150	6	6	5.35	32.1	12.68
FJ-11[669].1	Φ	10	90⌐ 900 ⌐90	900+90+90	18	18	1.08	19.44	11.994
FJ-11[669].1	Φ	8	1750	1450+150+150	5	5	1.75	8.75	3.456

（续）

楼层名称:首层(绘图输入)									钢筋总重:27363.173kg	
筋号	级别	直径	钢筋图形	计算公式	根数	总根数	单长 m	总长 m	总重 kg	
构件名称:FJ-11			构件数量:1			本构件钢筋重:167.828kg				
构件位置:〈1+775,B−2873〉〈1−124,B−2873〉;〈3+1890,D−774〉〈3+1890,D+125〉〈4−2427,D−774〉〈4−2427,D+125〉;〈5−1707,D−900〉〈5−1707,D〉;〈6−900,B−2827〉〈6,B−2827〉										
FJ-11[669].2	Φ	8	2800	2700−50+150	1	1	2.8	2.8	1.106	
FJ-11[670].1	Φ	10	90 ⌐ 900 ⌐ 90	900+90+90	72	72	1.08	77.76	47.978	
FJ-11[670].2	Φ	10	90 ⌐ 350 ⌐ 25	125+250+90+6.25*d	2	2	0.528	1.056	0.652	
FJ-11[670].3	Φ	10	90 ⌐ 300 ⌐ 75	125+250+90+6.25*d	1	1	0.528	0.528	0.326	
FJ-11[670].3	Φ	10	90 ⌐ 300 ⌐ 75	125+250+90+6.25*d	1	1	0.528	0.528	0.326	
FJ-11[670].4	Φ	10	90 ⌐ 349 ⌐ 25	124+250+90+6.25*d	1	1	0.527	0.527	0.325	
FJ-11[670].1	Φ	8	2350	2050+150+150	5	5	2.35	11.75	4.641	
FJ-11[670].2	Φ	8	1725	1425+150+150	5	5	1.725	8.625	3.407	
FJ-11[670].3	Φ	8	1875	1575+150+150	5	5	1.875	9.375	3.703	
FJ-11[670].4	Φ	8	13500	13200+150+150+300	1	1	13.8	13.8	5.451	
FJ-11[672].1	Φ	10	90 ⌐ 900 ⌐ 90	900+90+90	15	15	1.08	16.2	9.995	
FJ-11[676].1	Φ	10	90 ⌐ 1000 ⌐ 25	775+90+250+6.25*d	37	37	1.178	43.586	26.893	
FJ-11[676].1	Φ	8	5350	5050+150+150	5	5	5.35	26.75	10.566	
构件名称:FJ-8			构件数量:1			本构件钢筋重:269.887kg				
构件位置:〈3+1250,D−2767〉〈3−1499,D−2767〉;〈4−1125,D−3193〉〈4+1624,D−3193〉										
FJ-8[663].1	Φ	12	90 ⌐ 2750 ⌐ 90	1250+1500+90+90	37	37	2.93	108.41	96.268	
FJ-8[663].1	Φ	8	5700	5400+150+150	9	9	5.7	51.3	20.264	
FJ-8[663].2	Φ	8	5100	4800+150+150	10	10	5.1	51	20.145	
FJ-8[668].1	Φ	12	90 ⌐ 2750 ⌐ 90	1250+1500+90+90	37	37	2.93	108.41	96.268	
FJ-8[668].1	Φ	8	5700	5400+150+150	8	8	5.7	45.6	18.012	
FJ-8[668].2	Φ	8	5325	5025+150+150	9	9	5.325	47.925	18.93	

(续)

楼层名称:首层(绘图输入)						钢筋总重:27363.173kg			
筋号	级别	直径	钢筋图形	计算公式	根数	总根数	单长 m	总长 m	总重 kg
构件名称:FJ13			构件数量:1			本构件钢筋重:563.916kg			

构件位置:〈1+1043,A+1374〉〈1+1043,A−1525〉;〈3−1560,A+1374〉〈3−1560,A−1525〉;
〈4−2960,A+1374〉〈4−2960,A−1525〉;〈3+2005,A+1374〉〈3+2005,A−1525〉;
〈4+2220,A+1374〉〈4+2220,A−1525〉;〈5−1656,A+1374〉〈5−1656,A−1525〉;
〈5+2074,A+1374〉〈5+2074,A−1525〉;〈6−2385,A+1374〉〈6−2385,A−1525〉;
〈1+475,C−1189〉〈1−124,C−1189〉

筋号	级别	直径	钢筋图形	计算公式	根数	总根数	单长 m	总长 m	总重 kg
FJ13[678].1	Φ	12	90∟ 2900	1500+1400+90	54	54	2.99	161.46	143.376
FJ13[678].2	Φ	12	135∟ 1500	1275+30*d	2	2	1.635	3.27	2.904
FJ13[678].1	Φ	8	2225	1925+150+150	9	9	2.225	20.025	7.91
FJ13[678].2	Φ	8	2100	1800+150+150	9	9	2.1	18.9	7.466
FJ13[678].3	Φ	8	1900	1600+150+150	9	9	1.9	17.1	6.755
FJ13[679].1	Φ	12	135∟ 1500	1275+30*d	1	1	1.635	1.635	1.452
FJ13[679].2	Φ	12	90∟ 2900	1500+1400+90	18	18	2.99	53.82	47.792
FJ13[679].1	Φ	8	1900	1600+150+150	9	9	1.9	17.1	6.755
FJ13[680].1	Φ	12	135∟ 1500	1275+30*d	1	1	1.635	1.635	1.452
FJ13[680].2	Φ	12	90∟ 2900	1500+1400+90	18	18	2.99	53.82	47.792
FJ13[680].3	Φ	12	135∟ 1499	1274+30*d	1	1	1.634	1.634	1.451
FJ13[680].1	Φ	8	2025	1725+150+150	9	9	2.025	18.225	7.199
FJ13[681].1	Φ	12	90∟ 2900	1500+1400+90	18	18	2.99	53.82	47.792
FJ13[681].2	Φ	12	135∟ 1500	1275+30*d	1	1	1.635	1.635	1.452
FJ13[681].1	Φ	8	1900	1600+150+150	9	9	1.9	17.1	6.755
FJ13[682].1	Φ	12	135∟ 1499	1274+30*d	1	1	1.634	1.634	1.451
FJ13[682].2	Φ	12	90∟ 2900	1500+1400+90	16	16	2.99	47.84	42.482

(续)

楼层名称:首层(绘图输入)							钢筋总重:27363.173kg		
筋号	级别	直径	钢筋图形	计算公式	根数	总根数	单长 m	总长 m	总重 kg
构件名称:FJ13			构件数量:1				本构件钢筋重:563.916kg		
构件位置:〈1+1043,A+1374〉〈1+1043,A-1525〉;〈3-1560,A+1374〉〈3-1560,A-1525〉;〈4-2960,A+1374〉〈4-2960,A-1525〉;〈3+2005,A+1374〉〈3+2005,A-1525〉;〈4+2220,A+1374〉〈4+2220,A-1525〉;〈5-1656,A+1374〉〈5-1656,A-1525〉;〈5+2074,A+1374〉〈5+2074,A-1525〉;〈6-2385,A+1374〉〈6-2385,A-1525〉;〈1+475,C-1189〉〈1-124,C-1189〉									
FJ13[682].3	Φ	12	135 ⌐ 1500	$1275+30*d$	1	1	1.635	1.635	1.452
FJ13[682].1	Φ	8	1775	$1475+150+150$	9	9	1.775	15.975	6.31
FJ13[683].1	Φ	12	135 ⌐ 1500	$1275+30*d$	2	2	1.635	3.27	2.904
FJ13[683].2	Φ	12	90 ⌐ 2900	$1500+1400+90$	17	17	2.99	50.83	45.137
FJ13[683].1	Φ	8	1900	$1600+150+150$	9	9	1.9	17.1	6.755
FJ13[684].1	Φ	12	135 ⌐ 1500	$1275+30*d$	2	2	1.635	3.27	2.904
FJ13[684].2	Φ	12	90 ⌐ 2900	$1500+1400+90$	17	17	2.99	50.83	45.137
FJ13[684].1	Φ	8	1900	$1600+150+150$	9	9	1.9	17.1	6.755
FJ13[685].1	Φ	12	135 ⌐ 1500	$1275+30*d$	3	3	1.635	4.905	4.356
FJ13[685].2	Φ	12	90 ⌐ 2900	$1500+1400+90$	17	17	2.99	50.83	45.137
FJ13[685].1	Φ	8	2225	$1925+150+150$	9	9	2.225	20.025	7.91
FJ13[698].1	Φ	12	90 ⌐ 600 ⌐ 90	$600+90+90$	10	10	0.78	7.8	6.926
构件名称:FJ-12			构件数量:1				本构件钢筋重:532.539kg		
构件位置:〈2-900,B-2864〉〈2+1099,B-2864〉;〈2+2699,B-2997〉〈3-2500,B-2997〉;〈3-899,B-2923〉〈3+1100,B-2923〉;〈3+2699,B-3356〉〈4-2500,B-3356〉;〈4-775,B-2845〉〈4+1224,B-2845〉;〈4+2699,B-2763〉〈5-2500,B-2763〉;〈5-899,B-2941〉〈5+1100,B-2941〉									
FJ-12[687].1	Φ	10	90 ⌐ 2000 ⌐ 90	$900+1100+90+90$	37	37	2.18	80.66	49.767
FJ-12[687].1	Φ	8	5350	$5050+150+150$	14	14	5.35	74.9	29.586
FJ-12[688].1	Φ	10	90 ⌐ 2000 ⌐ 90	$900+1100+90+90$	37	37	2.18	80.66	49.767

(续)

楼层名称:首层(绘图输入)								钢筋总重:27363.173kg	
筋号	级别	直径	钢筋图形	计算公式	根数	总根数	单长 m	总长 m	总重 kg
构件名称:FJ-12			构件数量:1				本构件钢筋重:532.539kg		
构件位置:〈2-900,B-2864〉〈2+1099,B-2864〉;〈2+2699,B-2997〉〈3-2500,B-2997〉;〈3-899,B-2923〉〈3+1100,B-2923〉;〈3+2699,B-3356〉〈4-2500,B-3356〉;〈4-775,B-2845〉〈4+1224,B-2845〉;〈4+2699,B-2763〉〈5-2500,B-2763〉;〈5-899,B-2941〉〈5+1100,B-2941〉									
FJ-12[688].1	Φ	8	5350	5050+150+150	5	5	5.35	26.75	10.566
FJ-12[688].2	Φ	8	5000	4700+150+150	7	7	5	35	13.825
FJ-12[689].1	Φ	10	90⌐ 2000 ⌐90	900+1100+90+90	37	37	2.18	80.66	49.767
FJ-12[689].1	Φ	8	5000	4700+150+150	6	6	5	30	11.85
FJ-12[689].2	Φ	8	5350	5050+150+150	8	8	5.35	42.8	16.906
FJ-12[690].1	Φ	10	90⌐ 2000 ⌐90	900+1100+90+90	37	37	2.18	80.66	49.767
FJ-12[690].1	Φ	8	5350	5050+150+150	12	12	5.35	64.2	25.359
FJ-12[691].1	Φ	10	90⌐ 2000 ⌐90	900+1100+90+90	37	37	2.18	80.66	49.767
FJ-12[691].1	Φ	8	5350	5050+150+150	12	12	5.35	64.2	25.359
FJ-12[692].1	Φ	10	90⌐ 2000 ⌐90	900+1100+90+90	37	37	2.18	80.66	49.767
FJ-12[692].1	Φ	8	5350	5050+150+150	12	12	5.35	64.2	25.359
FJ-12[693].1	Φ	10	90⌐ 2000 ⌐90	900+1100+90+90	37	37	2.18	80.66	49.767
FJ-12[693].1	Φ	8	5350	5050+150+150	12	12	5.35	64.2	25.359
构件名称:FJ-15			构件数量:1				本构件钢筋重:87.413kg		
构件位置:〈3-1538,B-1124〉〈3-1538,C+1275〉									
FJ-15[700].1	Φ	10	90⌐ 4800 ⌐90	1250+3550+90+90	18	18	4.98	89.64	55.308
FJ-15[700].2	Φ	10	90⌐ 3650 ⌐25	3425+250+90+6.25*d	1	1	3.828	3.828	2.362

（续）

楼层名称:首层(绘图输入)									钢筋总重:27363.173kg	
筋号	级别	直径	钢筋图形	计算公式	根数	总根数	单长 m	总长 m	总重 kg	
构件名称:FJ-15			构件数量:1				本构件钢筋重:87.413kg			
构件位置:〈3 − 1538,B − 1124〉〈3 − 1538,C + 1275〉										
FJ-15[700].1	Φ	8	1900	1600 + 150 + 150	8	8	1.9	15.2	6.004	
FJ-15[700].2	Φ	8	3100	3000 − 50 + 150	13	13	3.1	40.3	15.919	
FJ-15[700].3	Φ	8	2200	2100 − 50 + 150	9	9	2.2	19.8	7.821	
构件名称:FJ-16			构件数量:1				本构件钢筋重:54.535kg			
构件位置:〈6 − 2335,B − 774〉〈6 − 2335,C + 25〉										
FJ-16[706].1	Φ	10	90 ⌐ 3200	900 + 2300 + 90 + 6.25 * d	14	14	3.353	46.942	28.963	
FJ-16[706].2	Φ	10	90 ⌐ 3150 ⌐ 25	900 + 2025 + 90 + 250 + 6.25 * d	1	1	3.328	3.328	2.053	
FJ-16[706].3	Φ	10	90 ⌐ 3200 ⌐ 90	900 + 2300 + 90 + 90	3	3	3.38	10.14	6.256	
FJ-16[706].4	Φ	10	90 ⌐ 2400 ⌐ 25	2175 + 250 + 90 + 6.25 * d	1	1	2.578	2.578	1.591	
FJ-16[706].1	Φ	8	2225	1925 + 150 + 150	5	5	2.225	11.125	4.394	
FJ-16[706].2	Φ	8	2000	1900 − 50 + 150	13	13	2	26	10.27	
FJ-16[706].3	Φ	8	2550	2650 − 50 − 50	1	1	2.55	2.55	1.007	
构件名称:FJ--			构件数量:1				本构件钢筋重:198.673kg			
构件位置:〈4 + 3049,D − 2417〉〈5 + 1249,D − 2417〉										
FJ--[707].1	Φ	10	90 ⌐ 5400 ⌐ 90	1050 + 4350 + 90 + 90	37	37	5.58	206.46	127.386	
FJ--[707].1	Φ	8	5325	5025 + 150 + 150	14	14	5.325	74.55	29.447	
FJ--[707].2	Φ	8	5575	5275 + 150 + 150	19	19	5.575	105.925	41.84	
构件名称:FJ--1			构件数量:1				本构件钢筋重:25.486kg			
构件位置:〈6 − 1700,B + 956〉〈6 + 1849,B + 956〉										
FJ--1[708].1	Φ	10	90 ⌐ 1825 ⌐ 25	1600 + 250 + 90 + 6.25 * d	2	2	2.003	4.006	2.472	

（续）

　　　　　　　　　　　　　　　　　　　钢筋总重:27363.173kg

筋号	级别	直径	钢筋图形	计算公式	根数	总根数	单长 m	总长 m	总重 kg
构件名称:FJ--1				构件数量:1		本构件钢筋重:25.486kg			
构件位置:〈6-1700,B+956〉〈6+1849,B+956〉									
FJ--1[708].2	Φ	10	90└ 3350 ┘90	1700+1850+90+90	10	10	3.73	37.3	23.014
构件名称:FJ-14				构件数量:1		本构件钢筋重:18.547kg			
构件位置:〈3-1625,D-1124〉〈3-1625,D+125〉									
FJ-14[709].1	Φ	10	90└ 1250 ┘90	1250+90+90	15	15	1.43	21.45	13.235
FJ-14[709].1	Φ	8	1350	1250-50+150	8	8	1.35	10.8	4.266
FJ-14[709].2	Φ	8	2650	2750-50-50	1	1	2.65	2.65	1.047

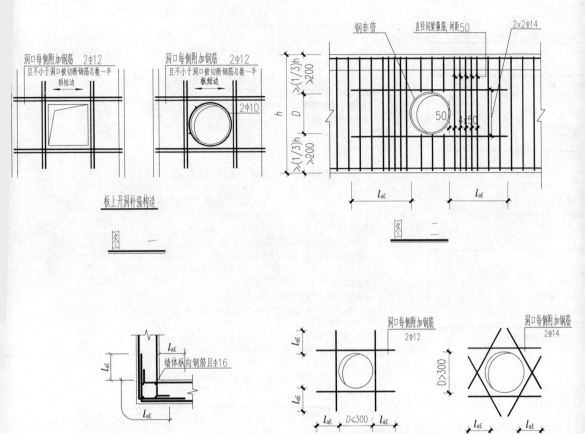

洞口每侧附加钢筋　2Φ12
且不小于洞口被切断钢筋总数一半

板短边

洞口每侧附加钢筋　2Φ12
且不小于洞口被切断钢筋总数一半

板短边

2Φ10

钢套管　　直径同梁箍筋,间距50　　2x2Φ14

$\geq$(1/3)h
$\geq$200

50

$\cong$50

$\geq$(1/3)h
$\geq$200

l_{aE}　　l_{aE}

板上开洞补强构造

图　一

图　二

l_{aE}

墙体纵向钢筋且Φ16

l_{aE}

l_{aE}

图　四

洞口每侧附加钢筋
2Φ12

洞口每侧附加钢筋
2Φ14

l_{aE}

l_{aE}

D>300

l_{aE}　D<300　l_{aE}

l_{aE}　　l_{aE}

剪力墙圆形洞口补强构造

图　五

基础底板厚

h

水平筋

10

竖向筋

B　B

10　10　10　10

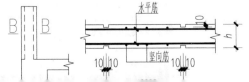

厚

条 件
和非寒冷地区的露天环境、与无侵蚀性的水和
环境、与无侵蚀性的水或土壤直接接触的环境

...b。

	量 /m³	最低混凝土强度等级	最大氯离子含量(%)	最大碱含量(kg/m³)
	25	C20	1.0	不限制
	50	C25	0.3	3.0
	75	C30	0.2	3.0

面整体表示方法制图。图中未表示的梁、
上结构施工图平面整体表示方法制图规则
关规定。

(钢筋外边缘至混凝土表面的距离)

	梁			柱		
	≤C20	C25~C45	≥C50	≤C20	C25~C45	≥C50
0	30	25	25	30	30	30
		30	30		30	30
		35	30		35	30

不应小于受力钢筋的直径。

0mm。

及拉筋弯钩构造见16G101平法图集。

械连接方式。

在同一根钢筋上宜少设接头。

在主筋搭接范围内箍筋间距应符合相关

---

6. 地下室底板与周边外墙及隔墙应一次整体浇筑至底板面300mm以上。周边外墙壁按图八设置施工缝，水平施工缝间混凝土应一次浇筑完半。不得在墙内留任何竖向施工缝(施工后浇带除外)。

对于外露的现浇钢筋混凝土女儿墙、挑檐、栏板、檐口等构件。当其水平直线段长度超过10m时，应按图九设置伸缩缝，伸缩缝间距≤10m。

7. 后浇带：

(1) 后浇带的设置位置见平面图，后浇带处钢筋不截断。底板、地下室外墙附加防水层做法见图十。后浇带应采用强度较两侧混凝土高一级的微膨胀混凝土，待两侧混凝土浇筑后不少于两个月再行浇筑。

(2) 施工期间后浇带两侧构件应进行有效支撑，以确保构件和结构整体在施工阶段的承载能力和稳定性。

九、填充墙：

1. 填充墙位置按建施图样施工，填充墙与柱和剪力墙连接处应设拉结筋2φ6，沿墙全长贯通，锚入墙或柱内200mm，间距600mm。

2. 砌体填充墙应按下述原则设置钢筋混凝土构造柱：构造柱一般在砌体转角及沿墙长每隔4m左右设置。其断面为墙厚×240mm，配筋见图十一。在构造柱上下端与楼面相交处，施工楼面时应留出相应插筋。

3. 构造柱上、下端450mm长度范围内，箍筋间距加密到间距100mm。

4. 构造柱钢筋绑扎完后，应先砌墙。墙体与构造柱的连接详见相应的构造图集。

5. 浇筑构造柱混凝土前，应将柱根处杂物清理干净，并用压力水冲洗，然后才能浇筑混凝土。

6. 外墙砌块于窗台下部和窗顶高度处，以及填充墙高度超过4m时，在墙体半高处(或门窗洞口上皮)均应设置高100mm的通长混凝土水平系梁。水平系梁配筋为2φ10，连系筋φ6@300。

7. 填充墙洞口两侧设置抱框(墙厚x100mm)，抱框应直通到顶部，钢筋为2φ10，系筋为φ6@600，钢筋上端在梁、板相应位置上预留埋件并与之焊接，钢筋下端与楼地面预留钢筋连接，系筋与墙连接做法同构造柱。

8. 砌体填充墙门窗顶均设钢筋混凝土过梁，过梁支撑长度不小于200mm，当不能满足支撑长度时，应做现浇过梁，过梁表如下：

门窗洞口宽度	<1200	>1200且<2400	>2400且<3300
截面 b×h	b×120	b×180	b×250
墙厚 配筋	②	① ②	① ②

B—B

结构设计总说明

一、工程概况：
本工程位于北京市***开发区。宿舍楼为地上五层。层高3.3m。

二、设计遵循的规范、规程、规定：
1.《建筑结构可靠度设计统一标准》　　　　(GB 50068-2001)
2.《建筑工程抗震设防分类标准》　　　　　(GB 50223-2008)
3.《建筑结构荷载规范》　　　　　　　　　(GB 50009-2012)
4.《混凝土结构设计规范》　　　　　　　　(GB 50010-2010)
5.《砌体结构设计规范》　　　　　　　　　(GB 50003-2011)
6.《建筑抗震设计规范》　　　　　　　　　(GB 50011-2010)
7.《建筑地基基础设计规范》　　　　　　　(GB 50007-2011)
8.《北京地区建筑地基基础勘察设计规范》　(DB J11-501-2009)
9.《地下工程防水技术规范》　　　　　　　(GB 50108-2008)

三、结构安全等级及设计活荷载标准值：
本工程建筑结构安全等级为二级；设计使用年限 50年。抗震设防类别为丙类。
场区地震设防烈度为7度(第一组)(设计基本地震加速度：0.15g)。
本工程抗震等级：框架三级。
活荷载标准值（kN/m²）：

宿舍	2.0	活动室	2.0	厕所	2.0
楼梯	3.5	上人屋面	2.0	不上人屋面	0.5

四、自然条件：
1. 风荷载
基本风压：$W_0 = 0.45 kN/m²$　地面粗糙度：C类
2. 雪荷载
基本雪压：$S_0 = 0.40 kN/m²$

环境类别		
一	室内正常环境	
二	a	室内潮湿环境；非严寒非…土壤直接接触的环境
	b	严寒和寒冷地区的露天…

2. 本工程环境类别为表中的一类及二类。
3. 耐久性的基本要求：

环境类别	最大水灰比	最小水泥…(k…
一	0.65	2
a	0.60	2
b	0.55	2

八、钢筋混凝土构造要求：
本工程采用混凝土结构施工图平…柱、剪力墙的钢筋构造应遵循《混凝…和构造详图》(16G101-1)中的…

1. 主筋的混凝土保护层厚度 (mm)

环境类别	板、墙、壳		
	≤C20	C25~C45	≥C…
一	20	15	1…
a		20	2
b		25	2

注：(1)受力钢筋混凝土保护层最小厚度…
(2)迎水面钢筋保护层厚度不应小于…

2. 钢筋：
(1) 钢筋的锚固长度、搭接长度、箍筋…
(2) 受力钢筋直径18mm时宜优先采用…
(3) 受力钢筋的接头宜设置在受力较小处…
(4) 纵向受力钢筋当采用搭接方式连接时…
箍筋的要求…

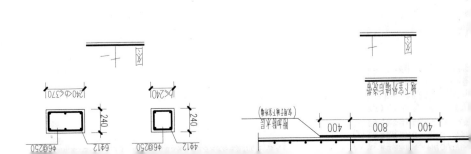

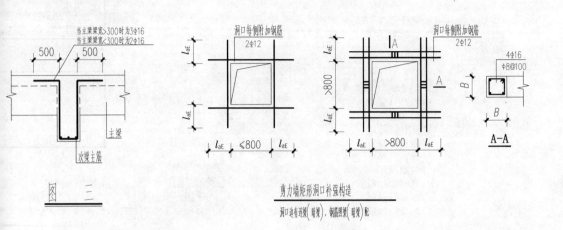

当主梁梁宽>300时为3Φ16
当主梁梁宽≤300时为2Φ16

500 500

主梁

次梁主筋

图　三

洞口每侧附加钢筋
2Φ12

洞口每侧附加钢筋
2Φ12

l_{aE}

l_{aE}

l_{aE}

l_{aE}

>800

A

A

B

B

l_{aE} ≤800 l_{aE}

l_{aE} >800 l_{aE}

4Φ16
Φ8@100

B

B

A-A

剪力墙矩形洞口补强构造

洞口边有连梁(暗梁)，钢筋照梁(暗梁)配

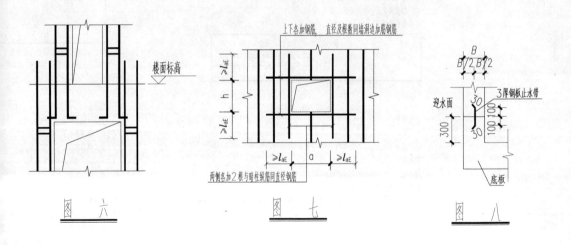

楼面标高

图　六

上下各加钢筋，直径及根数同墙洞边加筋钢筋

≥l_{aE}

h

≥l_{aE}

≥l_{aE} a ≥l_{aE}

两侧各加2根与暗柱纵筋同直径钢筋

图　七

B
B/2 B/2

3厚钢板止水带

迎水面

30
100
100
30

300

底板

图　八

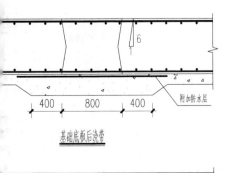

6

400 800 400

附加防水层

基础底板后浇带

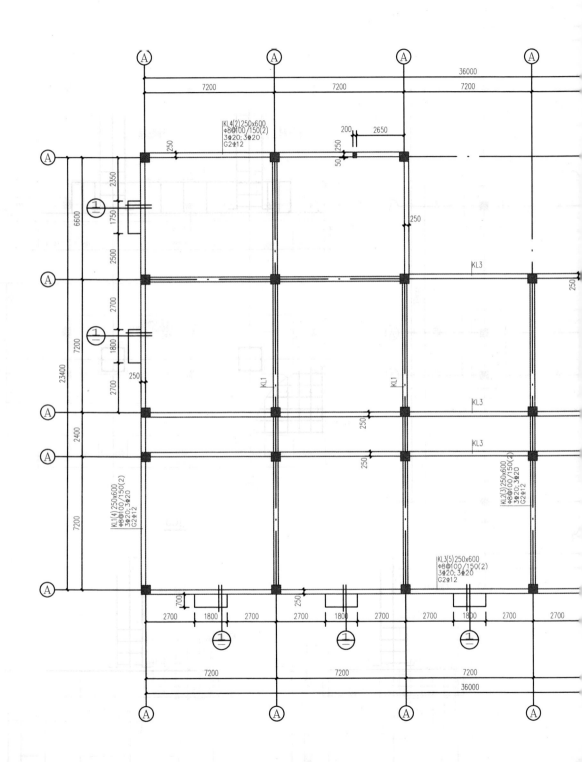

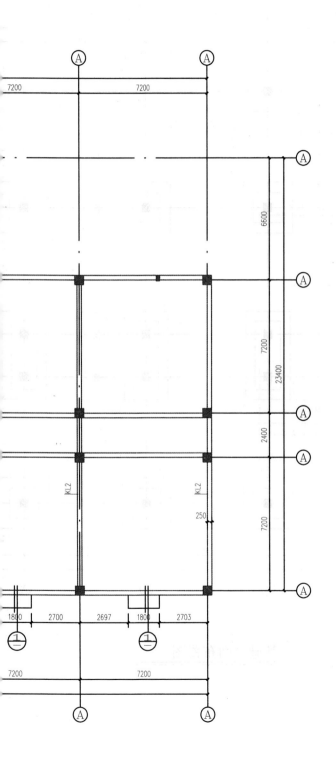

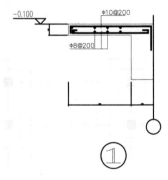

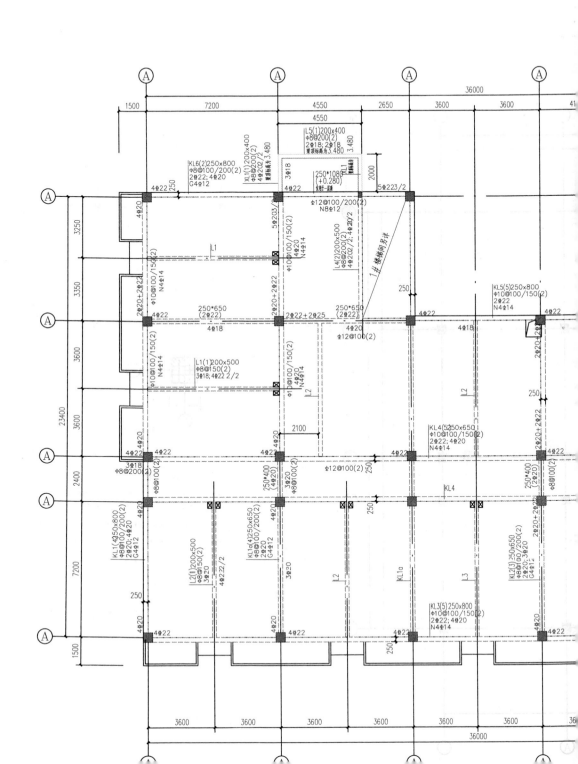

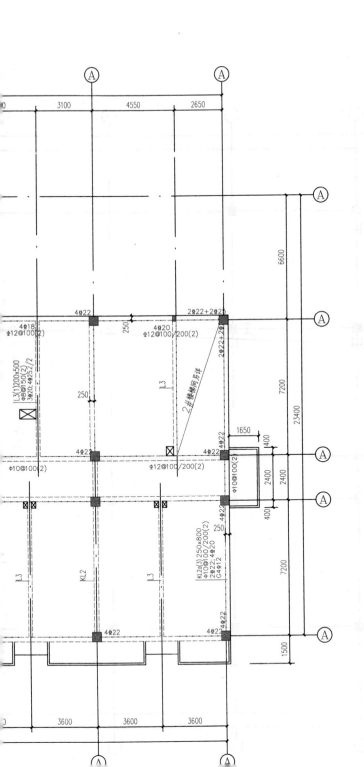

Ⓐ Ⓐ

3100 4550 2650

Ⓐ

6600

4Φ22 2Φ22+2Φ25 Ⓐ

4Φ18 250 4Φ20
Φ12@100(2) Φ12@100/200(2)

L3(1)200x500 250 L3
Φ8@150(2)/2 2Φ22+2Φ
3Φ20;4Φ25/2 7200

2#楼梯间另详 23400

1650 400
4Φ22
4Φ22 4Φ22 Ⓐ
Φ12@100/200(2) 2400 2400
Φ10@100(2) Φ10@100(2)
400
Ⓐ
4Φ22
KL2 L3 4Φ22

KL2a(3) 250x800 250
Φ10@100/200(2)
2Φ22;4Φ20 7200
L3 G4Φ12
KL2 L3

1500
4Φ22 4Φ22 Ⓐ

3600 3600 3600

Ⓐ Ⓐ

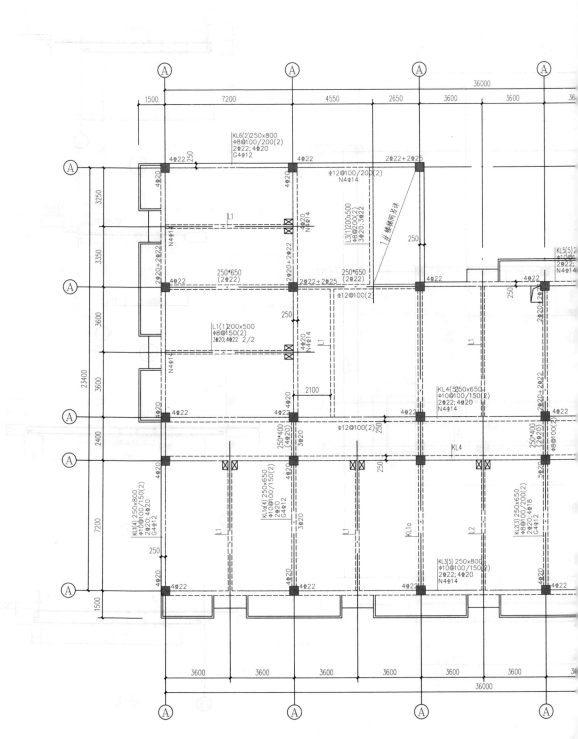

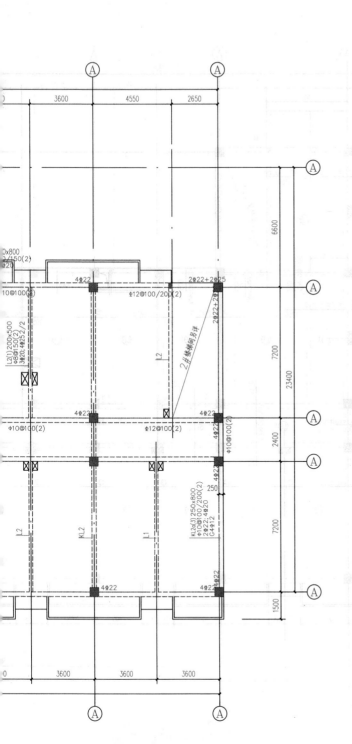

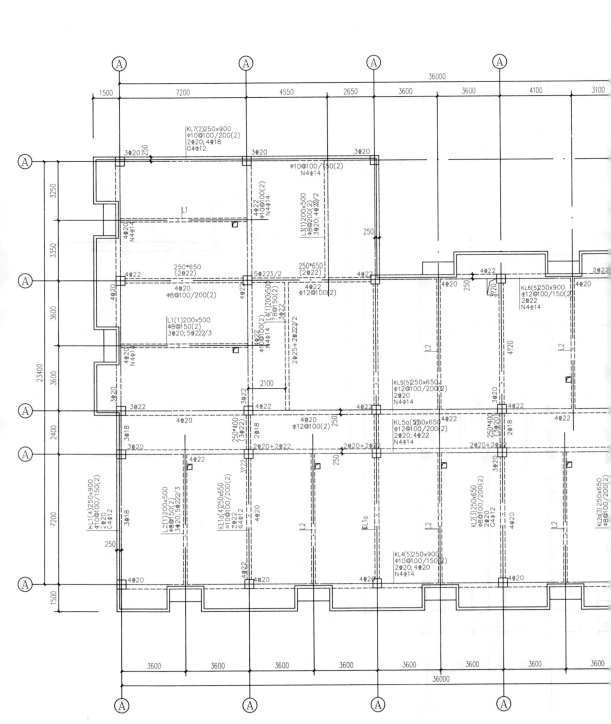

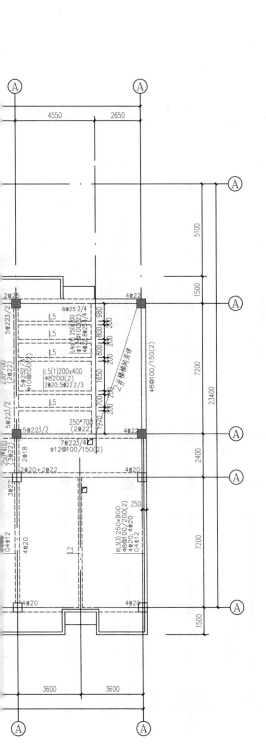

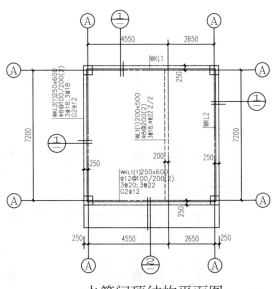

水箱间顶结构平面图 1:100

说明:
1. 梁顶标高为20.400m。
2. 板厚为120mm,配筋为双层双向±12@200。

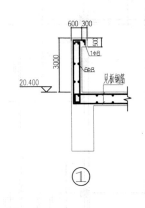

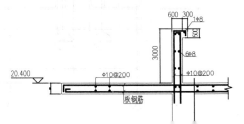